ASP 动态网页设计与应用

王焕杰　田　成　兰　翔　主　编
陈　鑫　黎帝兴　张小集　副主编
程　颖　容湘萍

电子工业出版社
Publishing House of Electronics Industry
北京·BEIJING

内 容 简 介

本书采用"以行动为导向，以任务为驱动"的教学方法，从初学者角度出发，以项目的方式组织教学内容。突出应用性和实践性，运用实例由浅入深地介绍建立一个动态网站所需要的各种技术。

本书以 ASP 为后台编程语言，围绕创建一个学校的网站而展开，涵盖网站设计的各个方面，全部网站由 11 个项目构成，每个项目下面又分为多个任务。所有项目完成网站的不同功能，各功能既可以独立完成，也可以通过功能的整合形成一个完整的网站。通过具体的实例讲解知识点，让学生在完成任务的过程中潜移默化地掌握理论知识。在每个项目后面均附有相关的习题对知识点进行加强训练。学生还可以通过知识扩展模块查找更多的高级功能以得到进一步的提高，便于开展分层次教学，满足不同层次学生的求知欲。

本书既可以作为中职、高职网络专业网站制作课程的教材，也可以作为网页设计爱好者的入门用书。如果作为教学参考书，可以配合《Dreamweaver 网页制作基础教程》一起使用，可收到事半而功倍的效果。

图书在版编目（CIP）数据

ASP 动态网页设计与应用 / 王焕杰，田成，兰翔主编.—北京：电子工业出版社，2014.8
ISBN 978-7-121-20862-1

Ⅰ. ①A… Ⅱ. ①王… ②田… ③兰… Ⅲ. ①网页制作工具－程序设计－高等学校－教材
Ⅳ. ①TP393.092

中国版本图书馆 CIP 数据核字(2013)第 145382 号

策划编辑：施玉新
责任编辑：李　蕊
印　　刷：北京捷迅佳彩印刷有限公司
装　　订：北京捷迅佳彩印刷有限公司
出版发行：电子工业出版社
　　　　　北京市海淀区万寿路 173 信箱　邮编　100036
开　　本：787×1 092　1/16　印张：13.5　字数：345.6 千字
版　　次：2014 年 8 月第 1 版
印　　次：2024 年 8 月第 8 次印刷
定　　价：29.00 元

凡所购买电子工业出版社图书有缺损问题，请向购买书店调换。若书店售缺，请与本社发行部联系，联系及邮购电话：(010) 88254888，88258888。

质量投诉请发邮件至 zlts@phei.com.cn，盗版侵权举报请发邮件至 dbqq@phei.com.cn。

本书咨询联系方式：(010) 88254598，syx@phei.com.cn。

前　言

本书采用"以行动为导向，以任务为驱动"的教学方法，从初学者角度出发，以项目的方式组织教学内容。突出应用性和实践性，运用实例由浅入深地介绍建立一个动态网站所需要的各种技术。ASP 语言由于其语法简单、功能强大、适应性强、配置环境简单灵活等特点，决定了它特别适合网站设计初学者使用。本书以 ASP 为后台编程语言，涵盖网站设计的各个方面。

全书围绕创建一个学校网站而展开，共由 11 个项目构成，每个项目下面又分为多个任务。每个任务由任务描述、任务要求、知识准备、工作过程等部分组成，在必要的任务中加入了知识扩展部分。所有项目完成同一个网站的不同功能，各功能既可以独立完成，也可以通过功能的整合形成一个完整的网站。

本书在功能方面包括基本新闻信息的显示，用户账号的管理，学生成绩的评定，用户的注册，用户的后台管理，后台文件和目录的管理，网站计数器的制作，客户端信息的记录等内容。在知识点方面包括基本的数值运算，选择结构和循环结构的使用，数组的应用，Request 和 Response 对象的应用，Cookie 的应用，数据库的增删改查，文件和目录的管理等内容。在 ASP 知识点讲解上通过具体的实例，以通俗易懂的方式，由浅入深地进行。在每个项目后面附有相关的习题对知识点进行加强训练。

本书的编写队伍均由多年的一线教学教师组成，其中王焕杰、田成、兰翔为主编，陈鑫、黎帝兴、张小集、程颖、容湘萍为副主编，葛宇、郑卫、杨松、沈屏丽、吴玉锋、匡国磊、马忠勇、张俐等为参编。在此一并对他们表示感谢。

由于版面限制和编者水平所限，书中难免存在疏漏和错误之处，恳请广大读者批评指正。

联系方式：cnsyjsj@163.com。

编　者
2014 年 3 月

目　　录

项目一　制作动态页面

▊ 核心技术

- 介绍 ASP 中信息的输出方式
- 介绍常用的日期函数
- ASP 环境中 CSS 样式表的引用

▊ 任务目标

- 任务一：安装调试 IIS
- 任务二：为"学校简介"添加修改日期
- 任务三：改变"学校简介"的输出方式

▊ 能力目标

- 能够使用不同的输出方式
- 掌握常用内置函数的使用方法
- 能够熟练地在 ASP 中引用 CSS 样式

▊ 项目背景

　　育才学校是一个计算机类的综合性职业学校，其原来的网站是使用静态页面制作而成的，随着学校资料的增加，原有网站的维护变得越来越难。很难从众多网页中找到需要更改的内容，也容易导致信息不一致的现象。根据新学期的要求，需要对学校简介的资料进行更新。要求学校简介的资料部分使用动态的语句进行输出，以满足后期从数据库中读取相关的资料并显示出来。

　　提示：信息不一致

　　信息不一致一般指在网站中相同或者相似的内容不止一个，当更改其中一个内容的时候，往往会忽略另一部分内容的更改，从而导致两个页面或多个页面数据不一致的现象。

▊ 项目分析

　　目前动态页面的制作有很多种语言，如 ASP、Jsp、PHP、C#等。其中，因为 ASP 语言具有语法简单、使用灵活、功能强大等特性，所以是网站建设或者学习的首选。在使用 ASP 语言建立网站之前，需要做一些准备工作，如安装用于测试 ASP 语言页面的 IIS、安装 Dreamweaver 软件、在 Dreamweaver 中配置网站等。

▌▌项目目标

通过本项目的完成，初步掌握 ASP 编程的基本语法、使用环境及 IIS 的配置。了解内置函数的使用方法。掌握在 ASP 语法中引用 CSS 样式的方法，学会 ASP 编程与 HTML 混合使用的方法。能够在一个 ASP 页面包含其他页面的内容，以利于完成网页的布局。

任务一　安装调试 IIS

▌▌任务描述

在制作网站时，经常需要对网站进行调试。在制作静态网页如以 .htm 为扩展名的文件或者以 .html 为扩展名的文件时，一般直接用浏览器打开就可以看到最后运行的效果。但对于以某种编程语言所编写的动态页面，在查看最后运行的效果时就必须提供一个相对应的 WWW 服务器。Windows 下的 IIS 就是一个可以为 ASP 页面进行解释的 WWW 服务。虽然 IIS 并不是唯一一个可以解释 ASP 代码的服务，但使用 Windows 操作系统中集成的 IIS 服务会比较方便。

▌▌任务要求

- 能够熟练安装 IIS 并调试 IIS。
- 在 IIS 管理器中能够配置网站工作目录，并使 HTML 网页和 ASP 网页能够正常运行。

▌▌知识准备

IIS 即互联网信息服务，是 Internet Information Services 的缩写，是由微软公司提供的基于运行 Microsoft Windows 的互联网基本服务，是保证 ASP 或者 ASP.net 能够正常运行的工作环境。

IIS 一般内置在 Windows 2000、Windows XP Professional 和 Windows Server 2003 中一起发行，但在 Windows XP Home 版本上不能安装 IIS。

▌▌工作过程

若操作系统中还未安装 IIS 服务器，可以采用如下步骤安装。以 Windows XP Professional 为例加以说明。

步骤 1：安装 IIS

选择"开始"菜单→"设置"→"控制面板"，然后单击"添加或删除程序"图标，如图 1.1.1 所示。

图 1.1.1　添加或删除程序

在弹出的对话框中选择"添加/删除 Windows 组件",如图 1.1.2 所示。

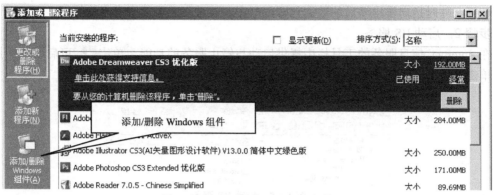

图 1.1.2 添加/删除 Windows 组件

在弹出的"Windows 组件向导"对话框中选中"Internet 信息服务(IIS)"复选框,然后单击"下一步"按钮,按向导指示进行操作,如图 1.1.3 所示。

图 1.1.3 安装 IIS 组件

此时要求选择 IIS 的相关文件,这些文件一般在操作系统安装光盘中的 i386 文件夹下。选择安装光盘的相关目录,如图 1.1.4 所示,完成对 IIS 的安装。

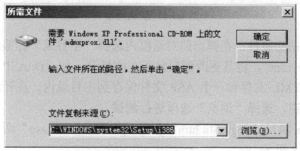

图 1.1.4 选择文件目录

注意: 当没有安装光盘的时候,也可以通过在网上下载 IIS 安装文件的方法来安装。方法为解压缩已下载的安装文件,当提示需要文件时,选择"浏览"按钮来指向解压缩后的目录。可以参照使用"asp 项目 1\素材"中的"IIS5.1 独立安装包.zip"。解压缩此数据包，在提示选择文件时指向解压缩后的数据包即可，在安装过程中可能会有多次提示。

步骤 2：启动 IIS 服务

在 Internet 信息服务的工具栏中提供启动与停止服务的功能。单击 ▶ 可启动 IIS 服务器；单击 ■ 则停止 IIS 服务器，如图 1.1.5 所示。

图 1.1.5 启动 IIS 服务

默认状态下的 IIS 服务器为开启状态，一般只有在服务器崩溃时，或者在系统维护的情况下才需要停止服务器。在停止服务器的状态下，计算机的主机可以正常工作，但是无论在远程还是在服务器的主机上，都不能访问本主机所提供的 WWW 服务，即无法通过浏览器查看本网站的内容。

步骤 3：配置 IIS

IIS 安装后，系统自动创建一个默认的 Web 站点，该站点的主目录默认为 C:\Inetpub\wwwroot（此目录可以更改为网站的目录）。

右键单击"我的电脑"，在弹出的快捷菜单中选择"管理"选项。在弹出的"计算机管理"对话框内选择"服务和应用程序"→"Internet 信息服务"→"网站"→"默认网站"选项，如图 1.1.6 所示。

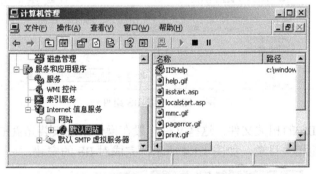

图 1.1.6 默认网站

右键选择默认网站的属性。在弹出的对话框内选择"主目录"标签。默认的主目录指向的是"C:\Inetpub\wwwroot"，将其更改到项目所在的目录，如"D:\ASP 资源"。

分别制作一个 HTML 文件和一个 ASP 文件保存到主目录内。在计算机管理的网站的右侧找到后单击鼠标右键，选择"浏览"选项进行测试。

例如，选择"asp 项目 1\loginStu.htm"和"asp 项目 1\test.asp"两个文件，测试结果分别如图 1.1.7 和图 1.1.8 所示。

提示：父路径

单击"主目录"标签，切换到主目录设置页面，该页面可实现对主目录的更改或设置。注意检查启用父路径选项是否勾选，若未勾选将对以后的程序运行产生影响。

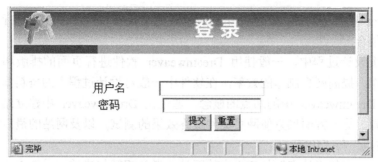

图 1.1.7 静态页测试效果

图 1.1.8 动态页测试效果

提示： 主页文档

单击"文档"标签，可切换到对主页文档的设置页面。主页文档是在浏览器中输入网站域名，而未输入所要访问的网页文件时，系统默认访问的页面文件。IIS 默认的主页文档只有 default.htm 和 default.asp，根据需要，利用"添加"和"删除"按钮，可为站点设置所能解析的主页文档。当多个主页文档同时存在时，将根据文档的排列顺序访问，排在上面的文档优先被访问。常见的主页文件名有 index.htm、index.html、index.asp、index.php、index.jsp、default.htm、default.html、default.asp 等。

任务二 为"学校简介"添加修改日期

任务描述

根据学校要求，为方便用户的浏览，需要为学校简介网页加入当前的日期。根据不同的使用习惯要求分别用中文格式和英文格式显示。经过一段时间的使用，最后确定选择哪种格式。

任务要求

● 能够使用不同的输出方式输入网页信息。
● 掌握常用日期函数的使用方法。
● 掌握在 Dreamweaver 中建立站点的方法。

知识准备

站点（网络站点）通常指的是网站，指在因特网上，根据一定的规则，使用 HTML 等工具制作的用于展示特定内容的相关网页的集合。在 Dreamweaver 中的站点主要指的是利用 Dreamweaver 提供的功能，把网站中的所有资源整合到软件中，方便进行集中管理的一个网站资源的集合。

在进行网页设计过程中，一般使用 Dreamweaver 软件进行页面的排版和代码的编写。为方便用户操作，提高网页制作的效率，在软件中一般对设计过程中的资料集中进行管理。这种方法就是 Dreamweaver 中的站点的概念。通过在 Dreamweaver 中建立站点，一方面可以集中管理资源，另一方面也方便网页文件最终效果的测试，以及网站的最后发布。

提示："站点"与"IIS"

Dreamweaver 中的"站点"与 IIS 中的网站两者是相辅相成的。一般来说，在站点建立过程中所指定的测试路径需要与 IIS 中该网站的工作目录相同，否则会在测试网页的时候出现路径的错误。一般可以先进行 Dreamweaver 中站点的设置，再根据设置的路径设置 IIS 中的工作目录。

如果工作目录指向的是 NTFS 磁盘，在测试的时候有些情况会因为权限的问题而导致测试无法通过。临时的解决方法可以为工作目录的 everyone 工作组设置完全访问的权限。但仅限于在网站设计阶段作为临时测试使用，如果在服务器中设置此权限容易导致安全性降低，从而导致服务器受到攻击。

▌ 工作过程

步骤 1：建立网页并保存

打开 Dreamweaver 软件，单击"文件"→"新建"选项，在对话框内选择"空白页"→"ASP VBScript"选项，然后单击"创建"按钮，如图 1.2.1 所示。

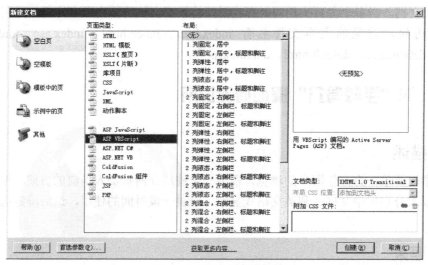

图 1.2.1　新建 ASP 文件

选择"文件"→"保存"选项，将此文件保存到"asp 项目 1"文件夹中，命名为 test0101.asp，如图 1.2.2 所示。

单击文档工具栏上的"代码"按钮，如图 1.2.3 所示。

在\<body\> 与\</body\>两个标签内输入"普通页面输出测试"，如图 1.2.4 和图 1.2.5 所示。

打开"计算机管理"对话框，选择"默认网站"选项，在右侧找到"test0101.asp"后进行浏览，在浏览器中查看显示的效果，如图 1.2.6 所示。

图 1.2.2 保存文件

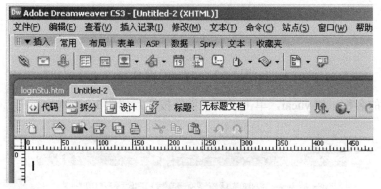

图 1.2.3 单击"代码"按钮

```
1  <%@LANGUAGE="VBSCRIPT" CODEPAGE="936"%>
2  <!DOCTYPE html PUBLIC "-//W3C//DTD XHTML 1.0 Transitional//EN"
   "http://www.w3.org/TR/xhtml1/DTD/xhtml1-transitional.dtd">
3  <html xmlns="http://www.w3.org/1999/xhtml">
4  <head>
5  <meta http-equiv="Content-Type" content="text/html; charset=gb2312" />
6  <title>无标题文档</title>
7  </head>
8
9  <body>
10 |
11 </body>
12 </html>
13
```

图 1.2.4 代码视图

```
9  <body>
10
11 普通页面输出测试|
12
13 </body>
```

图 1.2.5 <body>与</body>标签

图 1.2.6　页面测试效果

提示：如果不另外说明，所有的 ASP 代码都需要加在\<body\>与\</body\>两个标签之间，加在这两个标签之外的内容，一般不会在网页中显示。

步骤 2：DW 中站点的建立

为了便于对网站中的大量文件进行管理，在 Dreamweaver 中提供了建立站点的方式。在站点中可以方便地管理网站中的静态页面、动态页面及相关的其他资源。

选择"站点"→"新建站点"选项，如图 1.2.7 所示。

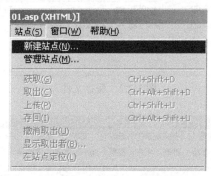

图 1.2.7　"站点"菜单

设定站点的名称，如 yucai，单击"下一步"按钮，如图 1.2.8 所示。

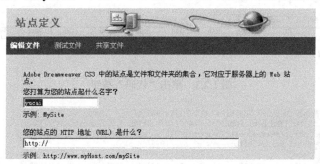

图 1.2.8　站点名称

选择"是，我想使用服务器技术"→"ASP VBScript"→"下一步"按钮，如图 1.2.9 所示。

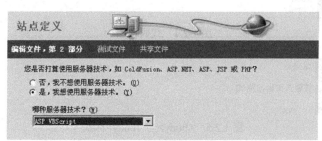

图 1.2.9　选择服务器技术

设定"开发方式"和文件存储目录，然后单击"下一步"按钮，如图 1.2.10 所示。

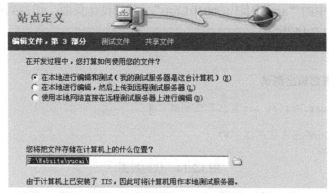

图 1.2.10　选择计算机网站的存储位置

设定根文件夹的 URL，然后单击"下一步"按钮，如图 1.2.11 所示。

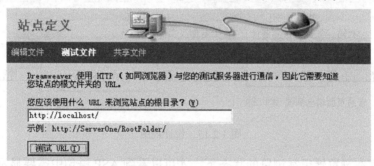

图 1.2.11　设定 URL

如果本地测试选择不使用远程服务器，则单击"下一步"按钮，如图 1.2.12 所示。

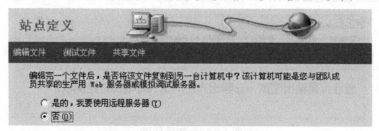

图 1.2.12　是否使用远程服务器

最后单击"完成"按钮，完成站点的建立。在右侧的文件面板上，可以看到本站点中的所有文件，如图 1.2.13 所示。

图 1.2.13　文件管理面板

步骤 3：ASP 语句的测试

双击图 1.2.13 中的"asp 项目1\test0101.asp"，打开设计页面，切换到代码窗口。在窗口中加入代码，如图 1.2.14 所示。

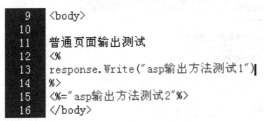

```
9    <body>
10
11   普通页面输出测试
12   <%
13   response.Write("asp输出方法测试1")
14   %>
15   <%="asp输出方法测试2"%>
16   </body>
```

图 1.2.14　代码视图

单击文档工具栏上的"设计"按钮，切换到设计视图。可以看到，"普通页面输出测试"后面的两行代码没有显示出来，如图 1.2.15 所示。

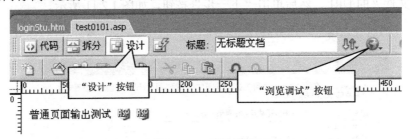

图 1.2.15　设计视图

提示：只有在浏览器正常浏览的状态下，才可以看到 ASP 语句中需要显示的内容。

单击"浏览调试"按钮，然后选择一个浏览器查看最后的显示结果。或者按键盘上的"F12"键调用主浏览器进行测试，如图 1.2.16 所示。

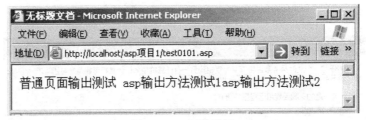

图 1.2.16　浏览效果

提示：ASP 中的输出语句

在 ASP 语言中，输出方式主要有两种表现形式，具体说明见知识扩展。

步骤 4：修改学校简介页面

在 Dreamweaver 中打开学校简介页面，切换到代码视图。选择<body>与</body>之间的所有代码进行复制。

新建一个 ASP 页面，切换到代码页面。把之前复制的代码粘贴到 ASP 页面的代码中，注意删除 ASP 页原来的<body>与</body>两个标签，确保在一个网页中只有一个<body>标签和一个</body>标签，否则可能会导致网页无法正常显示。保存 ASP 页面，命名为 xxjj.asp。或者直接打开"asp 项目 1\xxjj.asp"。

在学校简介的代码下方输入如下代码：

```
<%
response.Write(date())
%>
```

输入后的代码如图 1.2.17 所示。

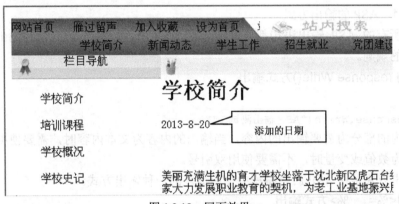

```
<td><h1>学校简介</h1>
<%
response.Write(date())
%>
<p> </p>
<p>
美丽充满生机的育才学校坐落于沈北新区虎石台经济开发区职教园，
```

图 1.2.17　输入后的代码

其中，response.Write()为 ASP 中的输入语句，用于在网页上显示文本信息。date()为 ASP 中的内置函数。

在浏览器中浏览后的效果如图 1.2.18 所示。

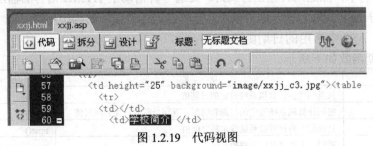

图 1.2.18　网页效果

提示：所谓内置函数指的是在 ASP 中固定的，具有一定功能且有返回值的一段代码。在 ASP 中的内置函数有很多。

步骤 5：在导航栏中加入当前的中文格式的时间

在设计视图下，选择导航栏上的学校简介，再切换到代码视图，则光标会在代码视图中定位到学校简介的代码位置，如图 1.2.19 所示。

```
xxjj.html  xxjj.asp
代码  拆分  设计      标题: 无标题文档
57   <td height="25" background="image/xxjj_c3.jpg"><table
58   <tr>
59   <td></td>
60   <td>学校简介 </td>
```

图 1.2.19　代码视图

在学校简介的前一个单元格，即上一对单元格标签<td>与</td>之间输入代码，结果如图 1.2.20 所示。

```
59     <td>
60     <%
61       response.Write(year(date()))
62       response.Write("年")
63       response.Write(month(date()))
64       response.Write("月")
65       response.Write(day(date()))
66       response.Write("日")
67     %>
68     </td>
69     <td>学校简介 </td>
```

图 1.2.20　时间代码

最后的浏览效果如图 1.2.21 所示。

图 1.2.21　导航工具栏

知识扩展

知识点 1：ASP 的输出方式

首先，所有的 ASP 输出语句都要放到<%与%>之中。ASP 一般有两种输出方式，也同样遵循这样的规则。

1. 使用 response.Write()方式输出

例如：

```
<%response.Write("ASP 输出测试 1")%>
```

其中，括号内的部分为需要输出的内容，当输出的内容为文本内容时，需要使用双引号；当输出的内容为数值或变量时，不需要使用双引号。

这种输出方式是在 ASP 后台编程中使用最多的一种输出方式。

2. 使用<%=　%>方式输出

例如：

```
<%="ASP 输出测试 2"%>
```

其中，等号后面的部分为需要输出的内容，同样，当输出的内容为数值或变量时，不需要使用双引号。

提示：ASP 中的输出语句

在 ASP 语言中，除这两种输出方式外，还有一种借助于 HTML 语言的输出语句，即输出语句夹在两部分 ASP 代码当中，这种情况在选择结构或者循环结构中用得更多一些。

知识点 2：ASP 中常用的日期函数

常用的日期函数如下所示。

函　数　名	功　　　能	使 用 方 法
date()	只返回当前计算机系统设定的日期值	date()
now()	根据计算机系统设定的日期和时间，返回当前的日期和时间值	now()
time()	只返回当前计算机系统设定的时间值	time()
year()	返回一个代表某年的整数	year(yymmdd)
month()	返回 1～12 之间的整数值，表示一年中的某月	month(yymmdd)
day()	返回 1～31 之间的整数值，表示一个月中的某天	day(yymmdd)
weekday()	返回一个星期中某天的整数	weekday(date)
weekdayname()	返回一个星期中具体某天的字符串	weekdayname(daynum)

hour()	返回 0～23 之间的整数值，表示一天中的某小时	hour(hhmmss)
minute()	返回 0～59 之间的整数值，表示一小时中的某分钟	minute(hhmmss)
second()	返回 0～59 之间的整数值，表示一分钟中的某秒	second(hhmmss)
DateAdd()	返回一个到当前日期指定时间长度的时间常量	DateAdd(interval,num,date)

提示：

表中 yymmdd 参数是任意的可以代表日期的参数，如"year(date())"表示是从"date()"得出的日期中提取其中"年"的整数。

表中 hhmmss 参数是任意的可以代表时间的表达式，如"hour(time())"表示是从"time()"得出的时间中提取其中"小时"的整数。同样，参数 hhmmss 还可以这样应用，如"hour(#11:45:50#)"表示从 11 时 45 分 50 秒中提取当前小时数。这里定义的时间要符合时间的规范。

weekday 函数的返回值为 1～7，分别代表"星期日"、"星期一"、"…"、"星期六"。例如，当返回值是"4"时，表示是星期三。

对于 weekdayname()函数，daynum 参数表示星期中具体某天的数值。如"weekdayname(weekday(date()))"表示当前是星期几。因为"date()"表示的是当前的时间，而"weekday(date())"表示的是一星期中具体某天的整数。

当然，weekdayname()函数最终显示的字符串内容还与当前操作系统语系有关，如中文操作系统将显示"星期一"这类的中文字符，而英文操作系统则会显示为"Mon"（Monday 的简写）。

知识点 3：DateAdd()函数

函数名：DateAdd()函数。

函数作用：ASP 中计算时间日期相加减的函数（包括增加时间或减少时间）。

（1）DateAdd(interval, number, date)的三个参数都是必需的。

（2）interval：yyyy（年）、q（季度）、m（月）、y（一年的日数）、d（日）、w（一周的日数）、ww（周）、h（小时）、n（分钟）、s（秒）其中之一的字符串。

（3）number：要添加的有效数值时间间隔，正数添加，负数减去，小数"四舍五入"取整数。

（4）date：必须为有效的日期格式，在不同的系统上格式可能不同，可参考 date()返回的信息。

DateAdd()函数应用举例：

```
Dim Today
Dim TempDate          '取得今天的日期
Today=date()          '减去一年
TempDate=DateAdd ("yyyy",-1,Today)
response.Write ("去年的今天："&TempDate&"<br />")
TempDate=DateAdd ("yyyy",+1,Today)
response.Write ("后年的今天："&TempDate&"<br />")
TempDate=DateAdd ("d",-1,Today)   'ASP 获取昨天的日期
response.Write ("昨天："&TempDate&"<br />")
TempDate=DateAdd ("d",1,Today)    'ASP 获取明天的日期
response.Write ("明天："&TempDate"<br />")
```

任务三　改变"学校简介"的输出方式

任务描述

根据学校的需要，通过将网站中的网页改成 CSS 样式表的方式来控制网站的整体风格和配色方案。现需要设计两种不同的 CSS 样式表，在使用中，根据用户的浏览需要，可以很方便地切换到不同的网站配色方案。为了提高效率，要求不改变代码或仅改变少量的代码就可达到更改网站网络的目的。请网站管理员根据需要对"学校简介"页面进行代码设计，以达到网页能在很短的时间内由一种网站配色风格切换到另一种网站配色风格的目的。

任务要求

- 能够建立外部 CSS 样式表。
- 能够使用 ASP 语言动态引用 CSS 样式。

知识准备

CSS 样式表一般应用于静态网页的设计中，但目前很少有网站是纯静态的。因为，一方面这样的网站不利于管理，另一方面也会导致资料和信息的混乱。因而，在更多情况下，是在动态网站中引用静态网页中建立的 CSS 样式表。以 ASP 后台为例，采用后台编程语言与 CSS 样式相结合的方式，往往会使页面的风格更利于控制，更富于变化。

Div+CSS 样式是目前网站设计中最流行的模式，使用 CSS 样式表可以更加方便地对网站的整体风格和配色方案进行管理。但 CSS 毕竟不是编程语言，单纯使用 CSS 并不能解决所有的问题。使用 ASP 编程语言+CSS 的方式，可以更加灵活、动态地设置网站的风格。

解决方案：

解决的方案有两个，一种解决方案是建立两个不同的样式表，如一个命名为 xm01.css，另一个命名为 xm02.css，根据需要使用不同的样式表。另一种解决方案是在一个 CSS 样式表中设立两个不同的样式，如一个样式命名为 menu01，另一个命名为 menu02。用一个变量来存储这个样式的名称，在网页中根据程序决定这个变量的值为哪一个名称。通过变量值的改变达到快速切换网页风格的目的。

本任务选择第二种解决方案。

工作过程

步骤 1：

打开"asp 项目 1\xxjj.asp"，另存为 xxjj_test.asp。

步骤 2：

选择网页"xxjj_test.asp"导航栏上的"网站首页"链接，如图 1.3.1 所示。

图 1.3.1　导航菜单

在属性面板上设置对齐方式为居中对齐，如图 1.3.2 所示。

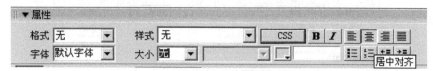

图 1.3.2　文字属性

在设计视图的底部可以看到，选择的文字会被自动加上一个<div>标签，如图 1.3.3 和图 1.3.4 对比所示。

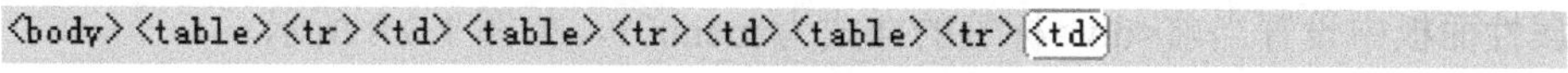

<body><table><tr><td><table><tr><td><table><tr><td>

图 1.3.3　未设置居中之前

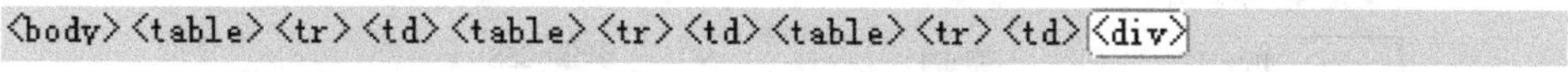

<body><table><tr><td><table><tr><td><table><tr><td><div>

图 1.3.4　设置居中之后

设置居中之后，选择增加的<div>标签，在属性面板设置附加样式表，选择 xm01.css 作为当前网页样式表，如图 1.3.5 和图 1.3.6 所示。

图 1.3.5　附加样式表文件

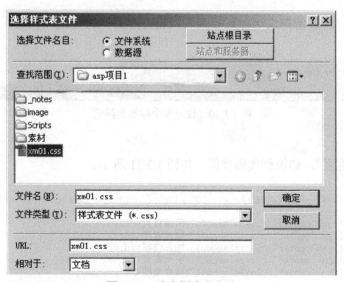

图 1.3.6　选定样式表文件

确定样式表文件添加方式，如图 1.3.7 所示。

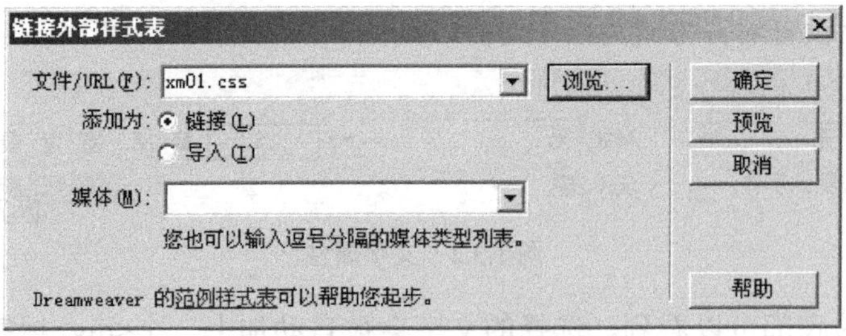

图 1.3.7　确定样式表文件添加方式

在属性面板中设置当前<div>标签的样式为 menu01，如图 1.3.8 所示。

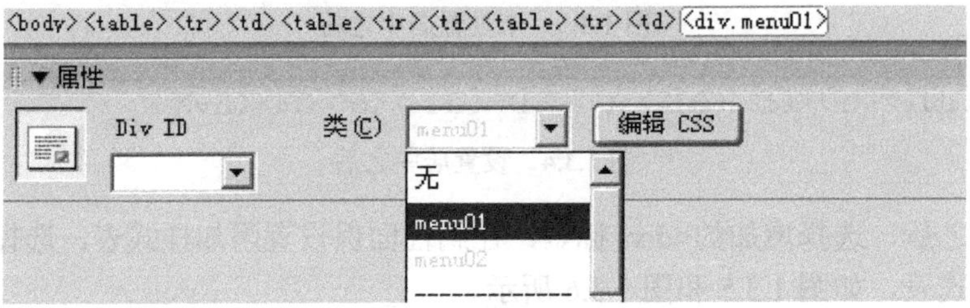

图 1.3.8　选择样式

效果如图 1.3.9 所示。

图 1.3.9　设定样式后的效果

同理，设置"雁过留声"、"加入收藏"、"设为首页"的 CSS 样式为 menu01，效果如图 1.3.10 所示。

图 1.3.10　设定多个标签的样式

步骤 3：

选择"网站首页"，切换到代码视图，如图 1.3.11 所示。

```
<td width="364" background="image/xxjj_c1.jpg">
<table width="124%" height="24" border="0" align="center" cellpadding="0" cellspacing="0">
  <tr>
    <td><div align="center" class="menu01">网站首页</div></td>
    <td><div align="center" class="menu01">雁过留声</div></td>
    <td><div align="center" class="menu01">加入收藏</div></td>
    <td><div align="center" class="menu01">设为首页</div></td>
    <td><div align="center" class="menu01">站点地图</div></td>
  </tr>
</table></td>
```

图 1.3.11　代码视图

在网站首页前加入 ASP 代码，并把 class="menu01"都改成 class=<%=mclass%>，然后在浏览器中浏览，效果与图 1.3.10 相同。代码如图 1.3.12 所示。

```
<td width="364" background="image/xxjj_c1.jpg">
<table width="124%" height="24" border="0" align="center" cellpadding="0" cellspacing="0">
 <tr>
 <%
   mclass="menu01"
 %>
   <td><div align="center" class=<%=mclass%>>网站首页</div></td>
   <td><div align="center" class=<%=mclass%>>雁过留声</div></td>
   <td><div align="center" class=<%=mclass%>>加入收藏</div></td>
   <td><div align="center" class=<%=mclass%>>设为首页</div></td>
   <td><div align="center" class=<%=mclass%>>站点地图</div></td>
 </tr>
</table></td>
```

图 1.3.12　带有参数的 CSS 样式

选择样式 menu01 的效果如图 1.3.13 所示。

图 1.3.13　设定"menu01"CSS 样式的导航

更改 mclass="menu01"为 mclass="menu02"，效果如图 1.3.14 所示。

图 1.3.14　选择"menu02"CSS 样式的导航

结论：

通过 ASP 代码的设计，只更改一条语句，就可以更改网站中多个元素的最终效果。

步骤 4：

用同样的办法，设置菜单中其他菜单项的 CSS 样式及 ASP 设置代码。

第一种 CSS 样式（白色）的效果如图 1.3.15 所示。

图 1.3.15　样式 1 的导航效果

第二种 CSS 样式（黄色）的效果如图 1.3.16 所示。

图 1.3.16　样式 2 的导航效果

提示：menu01 与 menu02 为两种已经在 CSS 样式表中存在的样式，其中 menu01 的字体大小为 12，字体颜色为白色；menu02 的字体大小为 12，字体颜色为黄色。

两种样式的代码如图 1.3.17 所示。

图 1.3.17　CSS 样式表代码

步骤 5：

采用类似的操作，设置页面左侧栏目导航的 CSS 样式表，并做好 ASP 切换代码，实现每更改一行代码就可以更改网页中相同元素的显示样式。

课堂训练：

采用类似的方法实现，通过更改 ASP 代码中的一个字母来改变页面中的所有样式。

知识扩展

知识点 1：ASP 简介

ASP 是一种服务器端脚本编写环境，可以用来创建和运行动态网页或 Web 应用程序。ASP 网页可以包含 HTML 标记，可以与 HTML 标记进行混合编程，虽然给编程人员提供了较大的自由度，但同时也给程序的可读性和后期维护带来了不便。利用 ASP 可以向网页中添加交互式内容（如在线表单），也可以创建使用 HTML 网页作为用户界面的 Web 应用程序。

知识点 2：ASP 的工作原理

当在 Web 站点中融入 ASP 功能后，将发生以下事情：

（1）用户在浏览器地址栏中输入网址，默认页面的扩展名是.asp。

（2）浏览器向服务器发出请求。

（3）服务器引擎开始运行 ASP 程序。

（4）ASP 文件按照从上到下的顺序开始处理，执行脚本命令，执行 HTML 页面内容。

（5）页面信息发送到浏览器。

知识点 3：ASP 的特点

与 HTML 相比，ASP 网页具有以下特点：

（1）利用 ASP 可以突破静态网页的一些功能限制，实现动态网页技术。

（2）ASP 文件是包含在 HTML 代码所组成的文件中的，易于修改和测试。

（3）服务器上的 ASP 解释程序会在服务器端执行 ASP 程序，并将结果以 HTML 格式传送到客户端浏览器上，因此，使用各种浏览器都可以正常浏览 ASP 所产生的网页。

（4）ASP 提供了一些内置对象，使用这些对象可以使服务器端脚本功能更强。例如，可以从 Web 浏览器中获取用户通过 HTML 表单提交的信息，并在脚本中对这些信息进行处理，然后向 Web 浏览器发送信息。

（5）ASP 可以使用服务器端 ActiveX 组件来执行各种各样的任务，如存取数据库、发送 E-mail 或访问文件系统等。

（6）由于服务器是将 ASP 程序执行的结果以 HTML 格式传回客户端浏览器的，因此使用者不会看到 ASP 所编写的原始程序代码，可防止 ASP 程序代码被窃取。

（7）方便连接 ACCESS 与 SQL 数据库。

（8）开发需要有丰富的经验，否则会有漏洞，被骇客（Cracker）利用，从而进行攻击。

ASP 不仅可以与 HTML 结合制作 Web 网站，而且还可以与 XHTML 和 WML 语言结合制作 WAP 手机网站。其原理是一样的。

 **课后习题**

选择题

（1）配置 IIS 时，设置站点主目录的位置，下面说法正确的是（　　　）。

    A．只能在本机的 C:\Inetpub\wwwroot 文件夹

    B．只能在本机操作系统所在磁盘的文件夹

    C．只能在本机非操作系统所在磁盘的文件夹

    D．以上全都是错的

（2）安装 Web 服务器程序后，（　　　），可以访问站点默认文档。

    A．在局域网中直接输入服务器的 IP 地址

    B．在局域网中输入服务器所在计算机的名称

    C．如果是服务器所在的计算机上，则直接输入 http://127.0.0.1

    D．以上全都是对的

（3）关于 ASP，下列说法正确的是（　　　）。

    A．开发 ASP 网页所使用的脚本语言只能采用 VBScript

    B．网页中的 ASP 代码同 HTML 标识符一样，必须用分隔符"<"和">"将其括起来

    C．ASP 网页运行时，在客户端无法查看到真实的 ASP 源代码

    D．以上全都是错的

（4）下列说法错误的是（　　　）。

    A．ASP 在很大程度上依赖于脚本编程

    B．使用<%@　%>标记来指定 ASP 中默认使用的脚本语言

    C．在<%和%>之间的代码被视为默认的脚本语言

    D．设置了默认脚本语言的 ASP 文件中不能再使用其他脚本

（5）嵌入 HTML 文件的 ASP 程序代码必须放在（　　　）这两个符号之间。

    A．<!-- -->　　　　B．' '　　　　　　　　C．<% %>　　　D．<%= %>

（6）下面程序段执行完毕，页面上显示的内容是（　　　）。

```
<%
="信息<br>"
="科学"
%>
```

    A．信息科学　　　B．信息（换行）科学　　　C．科学　　　　　D．以上都不对

（7）利用 ASP 开发的网页，其文件扩展名应命名为（　　　）。

    A．.htm   B．.aspx   C．.asp   D．无严格限制

（8）关于 IIS 的配置，下列说法错误的是（　　　）。

    A．IIS 可以同时管理多个应用程序

    B．IIS 要求默认文档的文件名一般为 default 或 index，扩展名则可以是 .htm、.asp 等已为服务器支持的文件扩展名

    C．IIS 可以通过添加 Windows 组件安装

    D．IIS 不仅能够管理 Web 站点，还可以管理 FTP 站点

（9）ASP 开发工具有 Microsoft 的 Visual Studio、FrontPage、记事本和（　　　）。

    A．Word   B．Excel   C．Dreamweaver   D．C 语言

（10）返回当前日期的函数是（　　　）。

    A．now()   B．date()   C．time()   D．year()

项目二　制作学生成绩单

▌ 核心技术

- 变量的概念
- 数值的运算
- 选择结构的运用

▌ 任务目标

- 任务一：计算一个学生的成绩
- 任务二：判定学生最后成绩的级别
- 任务三：统计小组的各科成绩

▌ 能力目标

- 掌握常用变量的类别
- 熟练运用数值变量、常量的四则运算
- 能够正确使用选择结构进行程序设计

▌ 项目背景

　　在学校的网站中有很多数据需要进行统计和计算，如学生的成绩等，在以往的教学过程中，学生期末成绩的统计都需要由教师分散地单独完成。这一方面加大了教师的工作量，另一方面，统计的格式和内容也很难统一。要求网站管理人员为网站添加关于数据统计方面的页面，以减轻教师的工作负担。需要制作的页面包括个人总分和平均分的统计，小组、班级单科分数的平均分，学生的个人评价等。

▌ 项目分析

　　在数值统计方面会用到四则运算，在编程过程中运用四则运算并不难。通过本项目可以对常量、变量有更深入的理解。另外，利用选择结构可以处理学生评价的信息。选择结构的嵌套使用是本项目中的难点内容。

▌ 项目目标

　　通过本项目的完成，初步掌握 ASP 编程的常量及变量的类型，能够进行常量和变量的四则运算。能够根据实际需要使用选择结构，并进行选择结构程序的设计及编码。可以进行复杂程序的选择结构的嵌套程序设计。了解 if 语句及分支结构程序设计。

任务一　计算一个学生的成绩

▌ 任务描述

在学校的网站中加入对学生成绩的统计功能，需要根据给定的各科成绩，计算该学生的总分和平均分。

▌ 任务要求

- 掌握常量和变量的定义、类型和区别。
- 熟练运用数值型常量和变量的四则运算。

▌ 知识准备

1. 变量和常量

常量是指在计算机编程中不变的量，如一个具体的数值或一个具体的字符串等，都可以是一个常量。常量可用来代替一个数值或字符串的名称。在 ASP 中，用 Const 语句定义一个常量。如果在多个 ASP 文件中使用常量，则可在独立的文件中放置常量，然后将其包含进每一个使用该常量的 ASP 文件中去。

变量是计算机内存中已命名的存储位置，其中包含了数字或字符串等数据。变量包含的信息被称为变量的值。变量通过用户便于理解脚本操作的名称为用户提供了一种存储、检索和操作数据的途径。

2. 声明变量

声明变量应遵循脚本语言的规则及指导。声明一个变量意味着通知脚本引擎，有一个特定名称的变量即将使用，在服务器的内存中会为这一变量分配对应的内存空间。

ASP 中在使用变量之前，不要求一定事先声明变量，但在使用所有变量前声明它们是一种良好的脚本书写习惯，这样有助于防止未知错误的发生。在 ASP 中声明变量时，可以使用 Dim、Public 或 Private 语句。

例如：

```
<% Dim UserName %>
```

在 ASP 中，可以设置所有的变量在使用前必须声明，这种方式称为显式声明变量。方法是在 ASP 文件中使用 VBScript Option Explicit 语句。

提示：Option Explicit 必须在任何一个 ASP 指令之后及任何一个 HTML 文本或脚本命令之前出现。该语句仅影响用 VBScript 书写的 ASP 命令，而不会影响 JScript 命令。

▌ 工作过程

步骤 1：制作学生成绩表

打开 asp 项目 2 中的 stuScore.asp，另存为 stuScore01.asp，如图 2.1.1 所示。

图 2.1.1　网页效果

将光标定位在网页右侧学生成绩的下方，制作如图 2.1.2 所示的表格。

学生成绩

科目	成绩
数学	
语文	
外语	
总分	
平均分	

图 2.1.2　表格的效果

将光标定位在"数学"右侧的单元格，然后切换到代码视图，输入如图 2.1.3 所示的代码。

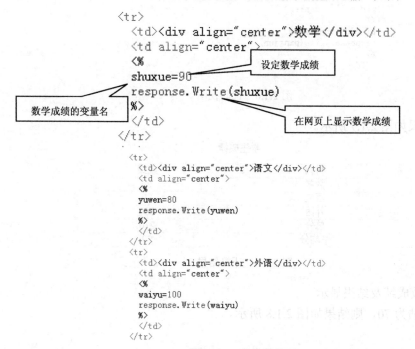

图 2.1.3　表格的代码

设计视图的效果如图 2.1.4 所示。

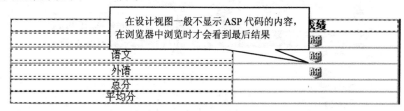

图 2.1.4 设计视图的效果

浏览器显示的效果如图 2.1.5 所示。

科目	成绩
数学	90
语文	80
外语	100
总分	
平均分	

图 2.1.5 浏览器显示的效果

步骤 2: 计算总分与平均分

在总分与平均分的右侧分别输入 ASP 代码, 如图 2.1.6 所示。

```
<tr>
  <td><div align="center">总分</div></td>
  <td align="center">
  <%zongfen=shuxue+yuwen+waiyu
    response.Write(zongfen)
  %>
  </td>
</tr>
<tr>
  <td><div align="center">平均分</div></td>
  <td align="center">
  <%
pingjun=zongfen/3
response.Write(pingjun)
%>
  </td>
</tr>
```

图 2.1.6 代码视图

最后计算结果如图 2.1.7 所示。

学生成绩

科目	成绩
数学	90
语文	80
外语	100
总分	270
平均分	90

图 2.1.7 计算结果

步骤 3: 更改成绩及结果显示

更改外语成绩为 70, 则结果如图 2.1.8 所示。

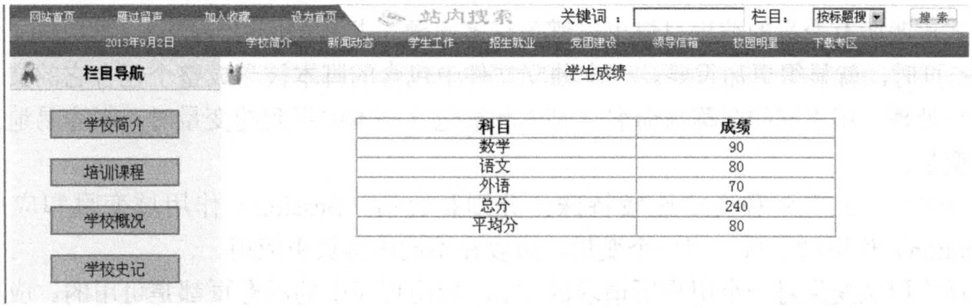

图 2.1.8 网页浏览效果

提示： 更改任何一科的成绩，最后的总分与平均分都会随之自动计算出来。在实际应用中，一般很少在网页中直接给出成绩，所需要的成绩数据一般都由程序从后台的数据库中读取出来再进行计算。此处为说明程序的计算功能，对程序进行了一定程度的简化。

▋▋ 知识扩展

1. 变量名的命名规则

- 必须以字母开头。
- 不能包含嵌入的句点。
- 所用字符不能超过 255 个。实际上，为了便于输入，变量名所用字符应少于 32 个。
- 在变量名所涉及的范围内，变量名必须是唯一的。

2. 变量的作用域

变量的作用域即变量的生命期。在 ASP 程序中声明一个变量后，并不是在任何条件下都可以使用，每个变量都有自己的作用域。一般在过程内部声明的变量具有局部作用域，每执行一次过程，变量就被创建然后消亡，过程外部的任何命令都不能访问它。在过程外部声明的变量具有全局作用域，其值能被 ASP 页上的任何脚本命令访问和修改，这种变量也称为全局变量。

声明变量时，局部变量和全局变量可以有相同的名称。而改变其中一个的值并不会改变另一个的值。如果没有声明变量，则可能会不小心改变一个全局变量的值。

例如，以下脚本命令返回值是 1，虽然其中有两个名为 Y 的变量。

```
<% Dim YY = 1
    Call SetLocalVariable
    response.Write Y
Sub SetLocalVariable
    Dim YY = 2

end Sub%>
```

由于变量没有显式声明，以下的脚本命令将输出 2。当过程调用将 Y 设置为 2 时，脚本引擎认为该过程是要修改全局变量。

```
<% Y = 1
    Call SetLocalVariableresponse.Write Y
Sub SetLocalVariable
    Y = 2

end Sub%>
```

显式声明所有变量的编程习惯可以避免许多问题。尤其在使用#include 语句将文件包含进 ASP 页时，就显得更加重要。一个独立文件中包含的脚本被当成整个包含它的文件的一部分进行处理。用不同的名称来命名主脚本和被包含脚本中用到的变量时，很容易遗忘，除非声明变量。

在 ASP 中还有两种变量比较特殊，分别是会话（Session）作用域变量和应用程序（Application）作用域变量。同一个变量，可以在不同的网页中应用。

会话作用域变量对一个用户所请求的 ASP 应用程序中的所有页都是可用的。应用程序作用域变量也如此。对单个用户来说，会话作用域变量是存储信息的最佳途径，如用户名或用户标志。对于一个特殊应用程序的所有用户，应用程序作用域是存储信息的最佳途径，如应用程序特定的问候语或应用程序所需的初始值。

任务二　判定学生最后成绩的级别

任务描述

在对学生成绩统计的过程中，需要根据学生的成绩进行级别评定，简单的评判标准是判断学生的成绩是否及格，以决定该学生是否需要额外的辅导或进行补考。请网络管理员为页面添加学生级别评定的代码，只需要判断学生每科成绩是否及格，并将判断的最后结果显示在成绩单的表格中即可。

任务要求

- 了解选择结构的原理。
- 掌握 if 选择结构的基本语法。
- 熟练进行选择结构的编码。
- 了解其他类型分支结构的应用。

知识准备

知识点 1：选择结构的使用

选择程序结构用于判断给定的条件，根据判断的结果判断某些条件，从而控制程序的流程。一般分为单分支选择结构和多分支选择结构。用得最多的是单分支选择结构。其特点是：如果所给定条件（条件表达式）的值为真，则执行 x1 块；否则，执行 x2 块。分支结构流程图如图 2.2.1 所示。

语法如下：

```
if <条件> then
  语句系列 1
else
  语句系列 2
end if
```

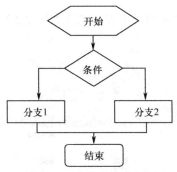

图 2.2.1 分支结构流程图

例如:

```
<%
    x=20
    if x<18  then
      response.Write("未成年人")
    else
        response.Write("成年人")
     end if
  %>
```

由于 x=20,不满足 x<18 的条件,所以程序运行后显示的是"成年人"。

注意: 在分支结构中,分支 1 中的语句系列或分支 2 中的语句系列,可以是一条语句也可以是多条语句,可以在分支中再加入其他的选择结构形成嵌套,也可以在分支的语句系列中再加入其他的结构类型,如循环结构。

▍工作过程

步骤 1: 建立网页并保存

打开 asp 项目 2 中的 stuScore.asp,另存为 stuScore02.asp,如图 2.2.2 所示。

图 2.2.2 网页素材

将光标定位在网页右侧学生成绩的下方，制作如图 2.2.3 所示的表格。

图 2.2.3 表格浏览效果图

把光标定位在数学右侧的评价栏，然后切换到代码视图，输入如图 2.2.4 所示的代码。

```
<tr>
  <td><div align="center">数学</div></td>
  <td align="center">
  <%
  shuxue=90
  response.Write(shuxue)          新输入的代码
  %>            </td>
  <td align="center">
  <%
  if shuxue<60 then
    response.Write("不及格")      满足条件执行的代码
  else
    response.Write("及格")
  end if                          不满足条件执行的代码
  %>
  </td>
</tr>
```

图 2.2.4 分支结构代码

数学成绩的评价在浏览器显示的效果如图 2.2.5 所示。

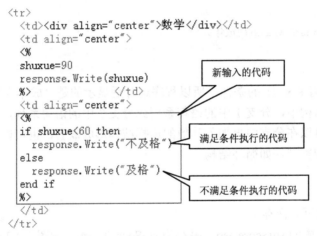

图 2.2.5 数学成绩的评价

步骤 2：制作语文、外语、平均分的评价

用同样的方法制作语文、外语、平均分的评价，最后效果如图 2.2.6 所示。

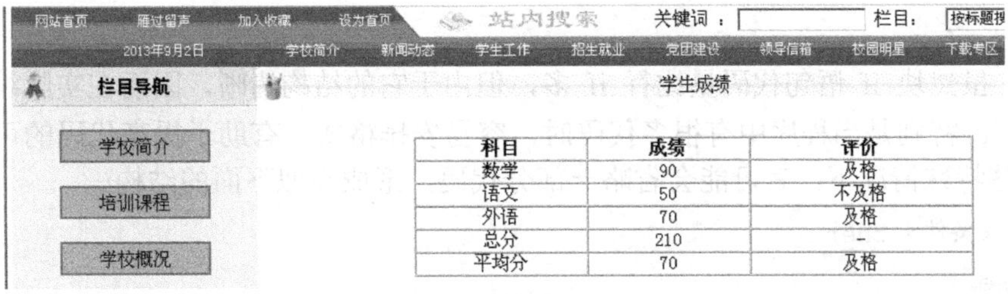

图 2.2.6 成绩评价效果图

部分代码如图 2.2.7 所示。

```
<tr>
 <td><div align="center">语文</div></td>
 <td align="center">
 <%
 yuwen=50
 response.Write(yuwen)
 %>               </td>
 <td align="center">
 <%
 if yuwen<60 then
   response.Write("不及格")
 else
   response.Write("及格")
 end if
 %>
 </td>
</tr>
<tr>
 <td><div align="center">外语</div></td>
 <td align="center">
 <%
 waiyu=70
 response.Write(waiyu)
 %>               </td>
 <td align="center">
 <%
 if waiyu<60 then
   response.Write("不及格")
 else
   response.Write("及格")
 end if
 %>
 </td>
</tr>
```

图 2.2.7 部分代码

知识扩展

知识点 1：选择结构

单条件选择结构是最常用的双分支选择结构，其特点是：如果给定条件（条件表达式）的值为真，则执行 x1 块；否则，执行 x2 块。

1. 行 if 语句

其语法格式如下：

```
if<条件> then [ <语句1> ][else <语句2> ]
```

2. 块 if 语句

虽然行 if 语句使用方便，可以满足许多选择结构程序设计的需要，但是当 then 部分和 else 部分包含较多内容时，在一行中就难以容纳所有命令。为此，ASP 提供了块 if 语句，将一个选择结构用多个语句行来实现。块 if 语句又称多行 if 语句，其语法结构如下：

```
if <条件> then
    [语句列 1]
else
    [语句列 2]
```

```
      end if
```

提示： 虽然块 if 语句代码量比行 if 多，但由于它的结构清晰，因而在实际编程过程中应用得更广。特别是当程序中有很多代码时，容易安排格式，有助于提高代码的可读性。

在一些特殊情况下，有可能会省略一部分代码，形成类似下面的结构。

```
   if <条件> then
   else
      [语句系列]
   end if
```

或者

```
   if <条件> then
     [语句系列]
   else

   end if
```

3. if 语句的嵌套

if 语句可以嵌套使用，即在 if 语句的操作块（语句列 1 或语句列 2）中使用 if 语句。也可以在语句系列中再加入循环结构或在循环结构中再加入选择结构。

简单实例：铁路托运行李，从甲地到乙地，规定托运费用计算方法是，行李重量不超过 50 千克时，每千克 0.5 元；超过 50 千克但不超过 100 千克时，其超出部分每千克 1.5 元；超过 100 千克时，其超出部分每千克 2 元。请计算并输出托运的费用。

分析：设行李重量为 W 公斤，应付运费为 X 元，则运费计算如下。

当 $W \leqslant 50$ 时，则 $X=0.5 \times W$。

当 $50 < W \leqslant 100$ 时，则 $X=0.5 \times 50+1.5 \times (W-50)$。

当 $W > 100$ 时，则 $X=0.5 \times 50+1.5 \times 50+2 \times (W-100)$。

其流程图如图 2.2.8 所示，代码如图 2.2.9 所示。

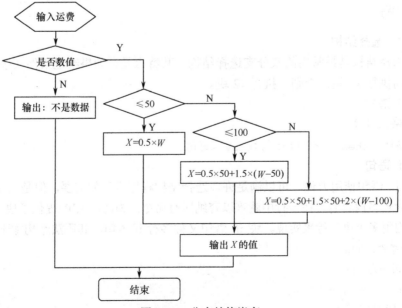

图 2.2.8　分支结构嵌套

```
3   <html>
4   <head><title>托运费计算</title></head>
5   <body>
    请输入行李重量:
6   <input name="text2" TYPE="TEXT" size="10"  kg  :
7
8   <input type="button" name="button3" value="计算运费">
9   <script language="VBScript" for="button3" event="onClick">
10  w=text2.value
11  if not isNumeric(w) then
12      msgbox "您输入的不是数值数据"
13  else
14      if w <=50 then
15          x=0.5 * w
16      else
17          if w<=100 then
18              x=0.5*50+1.5*(w-50)
19          else
20              x=0.5*50+1.5*50+2*(w-100)
21          end if
22      end if
23      Msgbox "行李的托运费是: "& x & "元",,"计算行李费"
24  end if
25  </script>
26  </body>
27  </html>
```

图 2.2.9　分支结构嵌套代码

知识点 2：分支结构

多分支选择结构的特点：从多个选择结构中，选择第一个条件为真的路线作为执行的路线。即当所给定的选择条件为真时，执行 A1 块；如果为假，则继续检查下一个条件。如果条件都为假，则执行其他操作块。如果没有其他操作块，则不做任何操作结束选择。

其语法结构如下：

```
select case <测试条件>
  [case <表达式 1>
    [ <语句列 1> ]]
  [case <表达式 2>
    [ <语句列 1> ]]
  ...
  [case else
    [ <其他语句列> ]]
end select
```

具体的代码如图 2.2.10 所示。

```
1   <html><head><title>if...then语句的使用</title>
2   <Script Language="VBScript">
3   <!--
4   Sub bchange(choice)
5       select case choice
6           case 1
7               document.bgcolor="#9AD3AF"
8           case 2
9               document.bgcolor="#F3FAC5"
10          case 3
11              document.bgcolor="#CDC8F7"
12          case else
13              document.fgcolor="#544976"
14      end select
15  end Sub
16  -->
17  </Script>
18  </head>
19  <body>
20  <center>
21  <h2>背景和文字颜色的选择</h2>
22  <p>
23  <table border=2>
24  <tr><th>背景颜色<th>选择<th>文字颜色<th>选择</tr>
25  <tr><td>淡绿<td><input type=radio onClick="bchange(1)"> </tr>
26  <tr><td>淡黄<td><input type=radio onClick="bchange(2)"> </tr>
27  <tr><td>淡紫<td><input type=radio onClick="bchange(3)"> </tr>
28  </table>
29  </center>
30  </body>
31  </html>
```

图 2.2.10　多分支结构代码

多分支结构的流程图如图 2.2.11 所示。

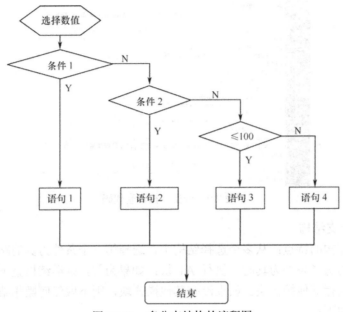

图 2.2.11　多分支结构的流程图

任务三　统计小组的各科成绩

任务描述

一个小组中有 5 名学生，要求根据 5 名学生的数学、语文、外语成绩的平均分来评定学生的达标程度。具体条件如下所示。

条　件	评　语
≥80	优
<80 但≥70	良
<70 但≥60	及格
<60	不及格

任务要求

- 掌握选择结构的嵌套。

知识准备

选择结构判断的条件只有两种可能情况，一种是条件成立，另一种是条件不成立。但当有多种条件或多种可能性时，往往就不能直接通过一个选择结构来完成，如成绩的优、良、及格、不及格 4 种可能性就不能仅用一个选择结构来表达。在这种情况下，往往需要设计条件表达式，采用嵌套的选择结构来完成对多个方面的判断。

在进行选择结构的嵌套时，最需要注意的是，所有的选择条件之和应该是选择范围的总和，否则会出现歧义，甚至导致程序崩溃。

工作过程

步骤 1：

打开 asp 项目 2 中的 stuScore.asp，另存为 stuScore03.asp。或者直接新建一个文件，命名为 stuScore03.asp，如图 2.3.1 所示。

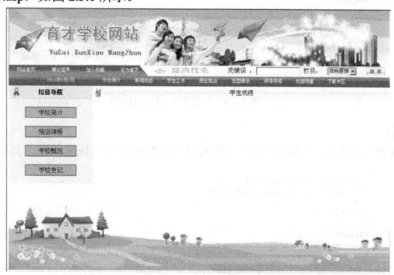

图 2.3.1　素材效果图

将光标定位在网页右侧学生成绩的下方，制作如图 2.3.2 所示的表格。

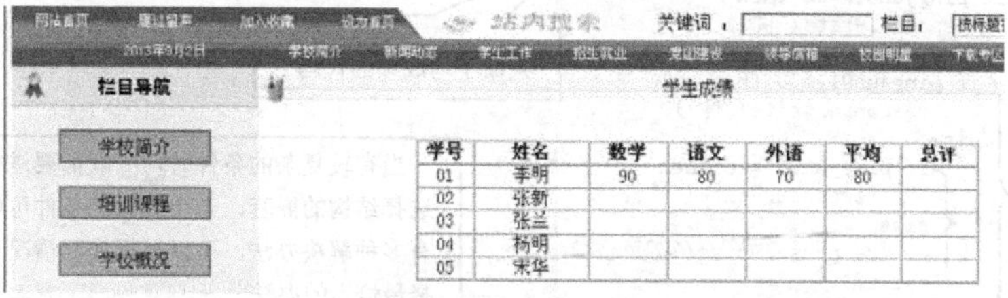

图 2.3.2　成绩表

其中，学号为 01 的学生的数学成绩变量设置为 shuxue01，语文成绩变量设置为 yuwen01，外语成绩变量设置为 waiyu01，平均值变量设置为 pingjun01。同样，学号为 02 的学生的成绩变量分别设置为 shuxue02，yuwen02，waiyu02，pingjun02，以此类推。

第一名学生成绩记录的代码如图 2.3.3 所示。

```
<tr>
  <td><div align="center">01</div></td>
  <td><div align="center">李明</div></td>
   <%
  shuxue01=90
  yuwen01=80
  waiyu01=70
  pingjun01=(shuxue01+yuwen01+waiyu01)/3
  %>
  <td align="center"><%=shuxue01%></td>
  <td align="center"><%=yuwen01%></td>
  <td align="center"><%=waiyu01%></td>
  <td align="center"><%=pingjun01%></td>
  <td align="center">
  </td>
</tr>
```

设置变量值

计算平均值并输出

输出变量值

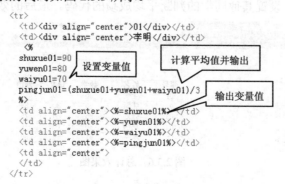

图 2.3.3　成绩表代码

步骤 2：

用同样的方法，设置所有 5 名学生的学习成绩如图 2.3.4 所示。

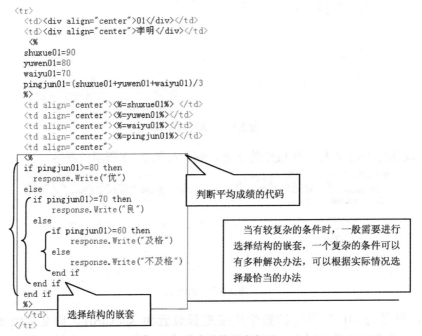

图 2.3.4　5 名学生的学习成绩

步骤 3：

将光标定位在李明右侧的总评栏，输入对平均分的评价的嵌套代码，如图 2.3.5 所示。

```
<tr>
<td><div align="center">01</div></td>
<td><div align="center">李明</div></td>
 <%
shuxue01=90
yuwen01=80
waiyu01=70
pingjun01=(shuxue01+yuwen01+waiyu01)/3
%>
<td align="center"><%=shuxue01%> </td>
<td align="center"><%=yuwen01%></td>
<td align="center"><%=waiyu01%></td>
<td align="center"><%=pingjun01%></td>
<td align="center">
<%
if pingjun01>=80 then
  response.Write("优")
else
  if pingjun01>=70 then
    response.Write("良")
  else
    if pingjun01>=60 then
      response.Write("及格")
    else
      response.Write("不及格")
    end if
  end if
end if
%>
</td>
</tr>
```

判断平均成绩的代码

当有较复杂的条件时，一般需要进行选择结构的嵌套，一个复杂的条件可以有多种解决办法，可以根据实际情况选择最恰当的办法

选择结构的嵌套

图 2.3.5　分支结构嵌套代码

步骤 4：

用同样的办法，设置其他同学的判断平均成绩的代码。最后的效果如图 2.3.6 所示。

图 2.3.6　总评效果图

提示：在程序编写过程中，当发现有些代码为重复的代码，或者是功能相似的代码时，

一般可以通过函数的形式来解决。使用函数时，相同功能的代码一般只需要编写一次即可多次使用。

步骤 5：

在学号为 05 的学生下方增加两行，分别存放平均分和评价。计算小组中单科的平均分，并为平均分评定等级。设计视图如图 2.3.7 所示。

学号	姓名	数学	语文	外语	平均	总评
01	李明					
02	张新					
03	张兰					
04	杨明					
05	宋华					
	平均分					
	评价					

图 2.3.7 设计视图

单科平均分计算代码如图 2.3.8 所示。

```
<tr>
<td> </td>
<td><div align="center">平均分</div></td>
<%
pingjunSX=(shuxue01+shuxue02+shuxue03+shuxue04+shuxue05)/5
pingjunYW=(yuwen01+yuwen02+yuwen03+yuwen04+yuwen05)/5
pingjunWY=(waiyu01+waiyu02+waiyu03+waiyu04+waiyu05)/5
%>
<td align="center"><%=pingjunSX%></td>
<td align="center"><%=pingjunYW%></td>
<td align="center"><%=pingjunWY%></td>
<td align="center"> </td>
<td align="center"> </td>
</tr>
```

图 2.3.8 单科平均分计算代码

学生成绩最终效果如图 2.3.9 所示。

学号	姓名	数学	语文	外语	平均	总评
01	李明	90	80	70	80	优
02	张新	90	80	85	85	优
03	张兰	85	80	75	80	优
04	杨明	80	70	75	75	良
05	宋华	61	60	50	57	不及格
	平均分	81.2	74	71		
	评价	优	良	良		

图 2.3.9 学生成绩最终效果

 课后习题

选择题

（1）关于 VBScript，下列说法正确的是（   ）。

A. VBScript 只有一种数据类型

B. 可以使用 Dim、Private、Public 和 Const 关键字声明变量

C. 在 VBScript 中，变量必须先声明再使用

D. 以上全都是错的

（2）在 VBScript 中，下列运算符优先级最高的是（　　　　）。

A. 求余运算（Mod）　　　　　　　　B. 负数（-）

C. 乘法和除法（*, /）　　　　　　　D. 字符串连接（&）

（3）用于从客户端获取信息的 ASP 内置对象是（　　　　）。

A. Response　　　　　　　　　　　B. Request

C. Session　　　　　　　　　　　　D. Application

（4）下列不属于 Response 对象的方法的是（　　　　）。

A. Write　　　　B. End　　　　C. Abandon　　　　D. Redirect

（5）下面程序段执行完毕，在浏览器中看到的内容是（　　　）。

```
<%
response.Write "<a href='http://www.sina.com.cn'>新浪</a>"
%>
```

A. 新浪

B. <a href='http://www.sina.com.cn'>新浪</a>

C. 下画线

D. 该句有错，什么也不显示

（6）关于 Option Explicit 语句，下面说法正确的是（　　　　）。

A. 可以在脚本的任何位置使用

B. 强制要求类型转换时，必须采用显式转换

C. 强制要求脚本中的所有变量必须显式声明

D. 以上说法都不正确

项目三　实现用户登录功能

核心技术

- Request 对象的使用
- Response 对象的使用
- 分支结构程序设计

任务目标

- 任务一：制作用户登录页面
- 任务二：提交页面并显示登录信息
- 任务三：验证用户登录账号
- 任务四：制作用户注册页面并显示注册信息

能力目标

- 会使用 Response 请求对象
- 会使用 Request 响应对象
- 会应用表单及表单元素
- 会进行简单的分支结构的程序设计

项目背景

　　育才学校是一个计算机类的综合性职业学校，其原来的网站设计得比较简单，只能进行新闻的发布。随着学校的发展，要求在学校网站中为学生提供自我信息展示的功能。学校要求网站的管理员为校园网添加登录功能。

项目分析

　　用户的登录功能一般涉及两方面的内容，即前台内容和后台内容。前台页面通过表单的形式提交数据，后台程序接收前台页面传递过来的数据，并根据预先设定的标准进行判断，根据判断的结果显示是否登录成功，或者是否进行页面的跳转。前台页面可以是普通的 HTML 静态页，也可以是以.asp 作为扩展名的动态代码页。后台的页面必须是以.asp 为扩展名的动态代码页。

　　注意：当前台页面为动态页时，表单的数据可以提交到其他页面，也可以提交到页面本身。但如果前台页面为纯 HTML 代码的静态页，则一般只能提交到其他动态页。

项目目标

本项目主要从用户登录功能出发，讲解 ASP 中页面间进行参数传递的方法。了解 Response 响应对象的作用和 Request 请求对象的功能。并利用分支结构 if 语句对获得的数据进行分析判断。通过真假判断来实现两种情况的结果显示或页面跳转。

任务一　实现用户登录页面

任务描述

学校网站需要根据用户的不同身份，为用户提供不同的内容和服务。为达到用户身份识别的作用并加强网站的安全性，防止未授权的用户访问敏感信息，要求网站管理员为网站提供用户登录的功能。

任务要求

- 表单的常用参数及含义。
- 文本框的使用。
- 按钮的使用。
- 密码框的设置。

知识准备

知识点：表单的参数

一个表单有以下三个基本组成部分。

表单标签：包含处理表单数据所用 CGI 程序的 URL，以及将数据提交到服务器的方法。

表单域：包含文本框、密码框、隐藏域、多行文本框、复选框、单选框、下拉选择框和文件上传框等。

表单按钮：包括提交按钮、复位按钮和一般按钮。用于将数据传送到服务器上的 CGI 脚本或者取消输入，还可以用表单按钮来控制其他定义了处理脚本的工作。

工作过程

（1）在 Dreamweaver 软件或者其他软件中建立新的 HTML 页面，保存目录为"asp 项目 3"，命名为 loginStu.htm。

（2）在 loginStu.htm 中进行布局设计，利用表格或者 Div+CSS 设计布局，加入 form 和文本框及提交按钮，建立如图 3.1.1 所示的登录界面。

注意：界面上部图片路径为"asp 项目 3\素材\images\login_top.gif"。

（3）两个文本框的名称分别为 txtName 和 txtPass，如图 3.1.1 中的代码所示，主要是设置 name 的属性，文本框的名称可以在 Dreamweaver 中的"属性"中设置。设置方法为用右键选择文本框，选择"属性"，然后在出现的"属性"工具栏的"文本域"内设置，如图 3.1.2 所示。

注意：在熟悉代码的情况下，文本框的名称属性也可以直接在代码窗口设置。一般在设置文本框之前，需要先添加表单，并需要确保每个文本框和按钮等表单元素均在<form> 与

</form>标签之间。一般情况下，一个网页中只有一个表单。

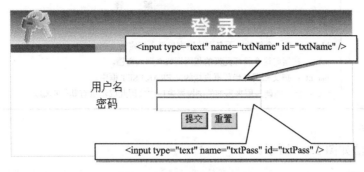

图 3.1.1　登录界面及代码

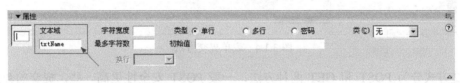

图 3.1.2　文本框属性

知识扩展

知识点：表单及表单元素

1. 创建方法

单击表单工具栏上的"表单"按钮，如图 3.1.3 所示。

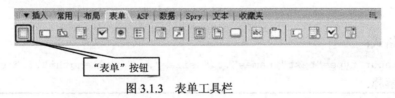

图 3.1.3　表单工具栏

2. 表单标签<form></form>

功能：用于声明表单，定义采集数据的范围，也就是<form>和</form>里面包含的数据将被提交到服务器或电子邮件里。

语法格式：

```
<form action="URL" method="GET|POST" enctype="MIME" target="...">.
…
</form>
```

属性解释：

属 性	解 释
action=URL	指定用于处理提交表单的格式，它可以是一个 URL 地址（提交给程序）或一个电子邮件地址
method=GET 或 POST	POST 方法：通过表单元素包含名称/值对，参数不需要包含在"动作"（action）指定的 URL 中。 GET 方法：把名称/值对加在"动作"（action）的 URL 后面，把新的 URL 送至服务器，这样的操作会带来安全方面的隐患，除非必须使用，否则不推荐使用这种方式
enctype	enctype=cdata 指明用来把表单提交给服务器时（当 method 值为"POST"）的互联网媒体形式。这个特性的默认值是"application/x-www-form-urlencoded"

续表

属　性	解　释
target	指定提交的结果文档显示的位置。 _blank：在一个新的、无名浏览器窗口调入指定的文档。 _self：在指向这个目标元素的相同框架中调入文档。 _parent：把文档调入当前框直接的父 FRAMESET 框中。 _top：把文档调入原来顶部的浏览器窗口中（因此取消所有其他框架）

3．提交方法

设置提交方法如图 3.1.4 所示。

图 3.1.4　表单提交方法

提交方式分为 POST 和 GET 两种方法，一般 POST 安全性更高一些，提交的数据量更大，所以 POST 方法在表单提交时使用得更广泛一些。

4．文本框

文本框是一种让访问者自己输入内容的表单对象，通常被用来填写单个字或者简短的回答，如姓名、地址等，如图 3.1.5 所示。

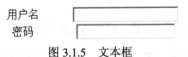

图 3.1.5　文本框

语法格式：

```
<input type="text" name="..." size="..." maxlength="..." value="...">
```

属性解释：

属　性	解　释
type	type="text"定义单行文本输入框
name	定义文本框的名称，要保证数据的准确采集，必须定义一个独一无二的名称
size	定义文本框的宽度，单位是单个字符宽度
maxlength	定义最多输入的字符数
value	定义文本框的初始值

样例代码：

```
<input type="text" name="example1" size="20" maxlength="15" />
```

5．密码框

密码框是一种特殊的文本域，用于输入密码。当访问者输入密码时，密码会被星号或其他符号代替，从而隐藏输入的密码。

语法格式：

```
<input type="password" name="..." size="..." maxlength="...">
```

属性解释：

属　性	解　　释
type	type="password"定义密码框
name	定义密码框的名称，要保证数据的准确采集，必须定义一个独一无二的名称
size	定义密码框的宽度，单位是单个字符宽度
maxlength	定义最多输入的字符数

样例代码：

```
<input type="password" name="example3" size="20" maxlength="15">
```

6. 表单按钮

1）提交按钮

提交按钮在表单中是一个很重要的表单元素，一般一个表单只有一个提交按钮。用于把当前页面中的表单提交到指定的后台处理页面，如图 3.1.6 所示。

提交　重置

图 3.1.6　提交按钮

语法格式：

```
<input type="submit" name="..." value="...">
```

属性解释：

属　性	解　　释
type	type="submit"定义提交按钮
name	定义提交按钮的名称
value	定义按钮的显示文字

样例代码：

```
<input type="submit" name="mySent" value="发送">
```

2）复位按钮

复位按钮用于重置表单。

语法格式：

```
<input type="reset" name="..." value="...">
```

属性解释：

属　性	解　　释
type	type="reset"定义复位按钮
name	定义复位按钮的名称
value	定义按钮的显示文字

样例代码：

```
<input type="reset" name="myCancle" value="取消">
```

3）一般按钮

一般按钮用于控制其他定义了处理脚本的工作。

语法格式：

```
<input type="button" name="..." value="..." onClick="...">
```

属性解释：

属　性	解　　释
type	type="button"定义一般按钮
name	定义一般按钮的名称
value	定义按钮的显示文字
onClick	通过指定脚本函数来定义按钮的行为

样例代码：

```
<input type="button" name="myB" value="保存" onClick="javascript:
alert('it is a button')">
```

表单中不同按钮的区别如下所示。

按 钮 类 型	type	name	value	onClick
提交按钮	type="submit"	按钮的名称	按钮的显示文字	
复位按钮	type="reset"	按钮的名称	按钮的显示文字	
一般按钮	type="button"	按钮的名称	按钮的显示文字	定义按钮的行为

任务二　提交页面并显示登录信息

任务描述

育才学校希望在原来校园网的基础上，增加一些让学生展示自我的功能。但出于安全方面的考虑，只希望在校学生具有这样的机会。所以要增加一个登录网站的功能，只有网站认可的合法用户账号才能在校园网中添加新的内容。因而，在网站的后台设计上要能够判断登录用户的合法身份。

任务目标

掌握 Request 对象和 Response 对象的互相作用，以及相互配合的使用方法。

知识准备

知识点：Response 对象及 Request 对象

Response 对象与 Request 对象主要负责客户端与服务器端的交互，Request 对象负责客户端向服务器端发送数据，Response 对象负责服务器端向客户端输出信息。数据收发的原理如图 3.2.1 所示。

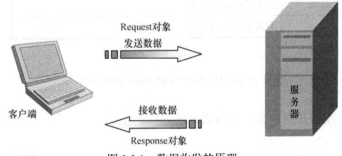

图 3.2.1　数据收发的原理

▌▌工作过程

步骤 1： 检查用户登录前台页面

在 Dreamweaver 软件中打开"asp 项目 3\loginStu.htm"页面，如图 3.2.2 所示。

选择"用户名"文本框，然后选择文档工具栏上的"视图拆分按钮"，在代码窗口中查看"用户名"文本框对应的 name 属性是否为"txtName"，如果不正确，则要进行改正。

同样，查看"密码"文本框对应的 name 属性是否为"txtPass"，如果不正确，则要进行改正。

选择"密码"文本框，在"属性"工具栏设置文本显示的方式为密码，如图 3.2.3 所示。

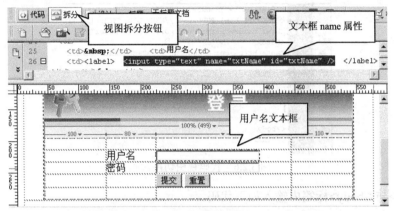

图 3.2.2　"asp 项目 3\loginStu.htm"页面

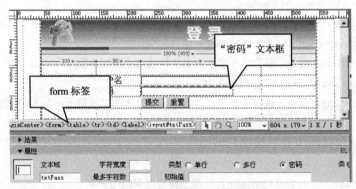

图 3.2.3　"密码"文本框属性

在代码提示行上选择 form 标签。在"属性"工具栏内设置动作为"loginStu.asp"，方法为"POST"，如图 3.2.4 所示。

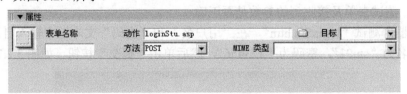

图 3.2.4　表单属性

步骤 2： 建立用户登录后台页面

在 Dreamweaver 中新建一个 ASP 网页，保存为"loginStu.asp"，保存位置与"loginStu.htm"相同。

步骤 3：在后台页面用 request 接收前台页面传递的参数信息

选择文档工具栏上的"代码"按钮，切换到代码窗口，如图 3.2.5 和图 3.2.6 所示。

图 3.2.5 "代码"按钮

图 3.2.6 代码视图切换代码

在`<body>`与`</body>`标签内输入如下代码。

```
<%
    Dim jvName, jvPass
    '定义两个变量，分别是 jvName 与 jvPass，分别用于存放用户名与密码
    jvName=request("txtName")
    '用 jvName 变量，接收上一个页面表单传递过来的文本框 txtName 中的用户名
    jvPass=request("txtPass")
    '用 jvPass 变量，接收上一个页面表单传递过来的文本框 txtPass 中的密码
%>
```

步骤 4：在后台页面中显示接收到的信息

```
<%
    response.Write(jvName)    '显示传递过来的用户名
    response.Write("<br>")    '在网页上输出换行符
    response.Write(jvPass)    '显示传递过来的密码
%>
```

步骤 5：测试表单及接收到的参数是否正确

在浏览器内测试"loginStu.htm"，在"用户名"和"密码"文本框中输入自己喜欢的字符，如用户名为"stu01"，密码为"123456"，然后单击"提交"按钮，如图 3.2.7 所示。

图 3.2.7 登录界面效果图

显示结果如图 3.2.8 所示。

图 3.2.8　登录提交后显示的结果

知识扩展

知识点 1：Response 对象的使用

Response 对象的主要功能是由服务端发送信息到客户端。

	名　　称	含　　义	举　　例
方法	response.Write()	向客户端浏览器发送信息	response.Write ("Hello World! ")
	response.Redirect()	重定向客户端浏览器	response.Redirect ("../Text.asp")
	response.Cookies()	写入客户端 Cookie 值	response.Cookies("Login")="True"
	response. Flush()	清除缓冲	response. Flush()
	response.End()	结束 ASP 程序的执行	response.End()
属性	response.Buffer	缓冲页面	response.Buffer=True/False

1. response.Write("变量")方法

变量可以是 HTML 标签或字符串。

```
<%
response.Write "现在时间是: "
response.Write( date())
response.Write (time ())
%>
```

显示时间的效果如图 3.2.9 所示。

图 3.2.9　显示时间的效果

2. response.End()

　　放置于 ASP 程序任何位置，位于其下的 ASP 程序停止执行。也用在测试 ASP 程序，response.End()方法停止执行某些程序，判断错误程序的位置完成程序调试。

　　不同的登录名和密码登录时，有不同的问候信息，如果登录成功会显示"登录成功"，登录不成功则显示"登录失败"。

如下所示的代码表示，如果从上一个页面的表单文本框 txtName 传递过来的用户名是"student"，则程序显示如图 3.2.10 所示。如果用户名不是"student"，则程序显示的结果如图 3.2.11 所示。

```
<%Dim jvName, jvPass
  jvName=request.Form("txtName")
if jvName="student" then
  response.Write "欢迎你!我们可爱的学生!"
else
  response.Write "请输入正确的登录名!"
  response.End()
end if
response.Write("程序结束")
 %>
```

图 3.2.10 登录正确显示的信息

图 3.2.11 登录错误显示的信息

3．response.Redirect ("URL 地址") 方法

重定向浏览器的 URL 地址，如鉴别用户身份，用户登录后，不同级别的用户浏览不同的页面。区别用户不同的身份，将跳转到不同的页面，如图 3.2.12 和图 3.2.13 所示。

```
<%
Dim jvName
  jvName=request ("txtName")
if jvName="Teacher" then
  response.Redirect "../yes.htm"
else
  response.Redirect "../no.htm"
end if
%>
```

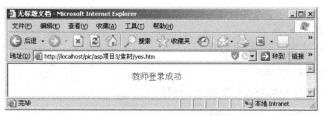

图 3.2.12 用户登录成功

图 3.2.13 用户登录失败

4. response.Buffer 属性

设置 response.Buffer 属性，可以提高网页浏览速度。Buffer 直译为"缓冲区"，缓冲区是存储一系列数据的地方。客户端所获得的数据可以从程序的执行结果直接输出，也可以从缓冲区输出。

ASP 像是制造茶杯的工厂，当客户购买茶杯时，工厂可以马上制造这个茶杯给客户；也可以直接把制造好的茶杯给客户，这就是 ASP 缓冲 response.Buffer 的意义。

5. response.Flush () 方法

立即将缓冲区中内容输出。当使用此方法时，response.Buffer 一定要设置为 True，当希望将缓冲区中的内容立刻发送给客户端时，调用此方法。

```
<%
startTime =Timer
for I=1 To 2000
  response.Write "使用缓冲"
  response.Flush
next
  endTime=timer
  interval=endTime-startTime
  response.Write "本页面调用了 response.Flush 方法。信息输出时间要缩短. <br> "
  response.Write "<b>花费时间为" & Interval & "秒。</b>"
%>
```

知识点 2：Request 对象的使用

1. Request 对象

提取表单元素的值和 URL 参数传递的值。

	名 称	含 义	举 例
方法	request.Form()	获取以 POST 方法发送的表单信息	request.Form（"jvName"）
	request.Querystring ()	获取 URL 中传递的参数	request.Querystring("jvPass")
	request ()	获取客户端信息的通用方法	request ("jvName")
	request.ServerVariables	获取服务端和客户端环境变量	request.ServerVariables("Remote_Addr")
	request.Cookies()	获取客户端 Cookies 值	response.Cookies("Login")

2. request.Form("变量")

获取用 POST 方法发送的表单数据。

```
<%Dim jvName,jvPass
  jvName =request.Form("txtName")
  jvPass=request.Form("txtPass")
  response.Write "你的用户名"
  response.Write jvName
  response.Write "和密码是"
  response.Write jvPass
%>
```

3. request.Querystring("变量")

提取 URL 参数传递的值或以 GET 方法发送的表单数据，如常用的"隐藏域"。

```
<%Dim jvName,jvPass
  jvName =request.Querystring("txtName")
  jvPass =request.Querystring("txtPass")
  response.Write "你的用户名: "
  response.Write(jvName)
  response.Write "密码: "
  response.Write(jvPass)
%>
```

4. request.Form 和 request.Querystring 的区别

request.Form 获取用 POST 方法发送的表单变量。

request.Querystring 接收 URL 参数中附加的变量值或用 GET 方法发送的表单变量。

接收变量通用的方法是 Request("变量")，包括以表单形式提交的变量和 URL 参数中附加的变量。

```
<%Dim jvfName,jvfPass,jvnName,jvnPass
  jvfName=request.Form("jv_Name")
  jvfPass=request.Form("jv_pass")
  jvnName=request("jvName")
  jvnPass=request("jvPass")
  response.Write "你的用户名"&jvfName&"和密码是"&jvfPass
  response.Write "<br>你的用户名"&jvnName&"和密码是"&jvnPass
%>
```

5. request.ServerVariables 获取环境变量信息

```
<%
response.Write  "您的IP是:"
response.Write Request.ServerVariables ("Remote_Addr")
%>
```

程序运行结果如图 3.2.14 所示。

图 3.2.14　显示 IP 地址

任务三　验证用户登录账号

任务描述

对用户登录界面传递过来的用户信息进行核实，以便确定用户的身份是否合法。

任务要求

- 掌握 Request 对象和 Response 对象的互相作用。
- 掌握常用的程序结构流程。
- 掌握选择结构的嵌套。

知识准备

在大多数程序设计语言中存在三种程序结构，即顺序结构、选择结构、循环结构。

顺序结构：按照由上到下的顺序一行一行地执行的程序结构。

分支结构：根据不同的条件判断来决定程序执行走向的结构。

循环结构：需要重复执行同一操作的程序结构。

工作过程

步骤 1：用户名的简单验证

在 Dreamweaver 软件中打开"asp 项目 3\loginStu.htm"页面，另存为"asp 项目 3\loginTch.htm"。

设置"用户名"文本框的 name 属性为"txtName"，如图 3.3.1 所示。

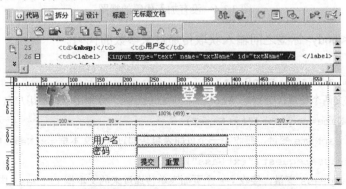

图 3.3.1　设置"用户名"文本框的 name 属性

设置"密码"文本框的 name 属性为"txtPass",类型为密码。

在代码提示行上选择 form 标签,如图 3.3.2 所示。

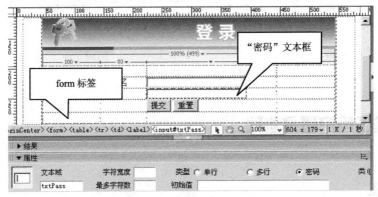

图 3.3.2　选择 form 标签

在"属性"工具栏内设置动作为"loginTch.asp",方法为 POST,如图 3.3.3 所示。

图 3.3.3　表单属性

步骤 2:建立用户登录后台页面

在 Dreamweaver 中新建一个 ASP 网页,保存为"loginTch.asp",保存位置与"loginTch
.htm"相同。

步骤 3:在后台页面用 request 接收前台页面传递的参数

选择文档工具栏上的"代码"按钮,切换到代码窗口,如图 3.3.4 所示。

图 3.3.4　没有加入代码的视图

在\<body>与\</body>标签之间输入获取传递过来参数的代码。

```
<%
    Dim aspName, aspPass
    '定义两个变量,分别是 aspName 与 aspPass,分别用于存放用户名与密码
    aspName=request("txtName")
    '用 aspName 变量,接收上一个页面表单传递过来的文本框 txtName 中的用户名
    aspPass=request("txtPass")
    '用 aspPass 变量,接收上一个页面表单传递过来的文本框 txtPass 中的密码
%>
```

代码结构如图 3.3.5 所示。

```
9   <body>
10  <%
11      Dim aspName, aspPass
12      '定义两个变量，分别是 aspName与aspPass ，分别用于存放用户名与密码
13      aspName=Request("txtName")
14      '用aspName变量，接收上一个页面表单传递过来的文本框txtName中的用户名
15      aspPass=request("txtPass")
16      '用aspName变量，接收上一个页面表单传递过来的文本框txtPass中的用户名
17  %>
18
19  </body>
```

图 3.3.5　代码视图

步骤 4：判断用户的用户名是否正确

加入以下代码：

```
<%
    if aspName="teacher" then        '判断用户名是否为 teacher
    response.Write("用户名正确")      '满足条件显示"用户名正确"
    else
    response.Write("用户名错误")      '不满足条件显示"用户名错误"
    end if
%>
```

步骤 5：测试表单用户名的验证情况

在浏览器内测试"loginTch.htm"，在"用户名"和"密码"文本框中输入自己喜欢的字符，如用户名为"teacher"，密码为"abcdef"，然后单击"提交"按钮，如图 3.3.6 所示。

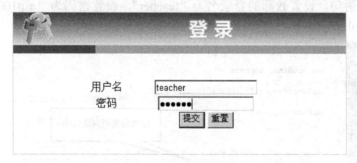

图 3.3.6　登录浏览效果

显示结果如图 3.3.7 所示。

图 3.3.7　登录正确结果

如果输入用户名"student"，密码"abcdef"，单击"提交"按钮，结果如图 3.3.8 所示。

图 3.3.8　登录错误结果

提示：此时由于没有对密码进行验证，因而密码输入任何值对最后的显示结果都不会有影响。

用户名判断代码如图 3.3.9 所示。

```
18  <%
19      if aspName="teacher" then          '判断用户名是否为teacher
20          response.Write("用户名正确")    '满足条件显示"用户名正确"
21      else
22          response.Write("用户名错误")    '不满足条件显示"用户名错误"
23      end if
24  %>
25  </body>
```

图 3.3.9　用户名判断代码

步骤 6：加入对密码的检测

删除满足条件时的语句，即删除图 3.3.9 中的第 20 行 response.Write("用户名正确")。添加对密码判断的语句。设置教师的登录名为"teacher"，设置密码为"asp100"，添加代码后的结果如图 3.3.10 所示。

```
9   <body>
10  <%
11      Dim aspName, aspPass
12      '定义两个变量，分别是 aspName与aspPass，分别用于存放用户名与密码
13      aspName=Request("txtName")
14      '用aspName变量，接收上一个页面表单传递过来的文本框txtName中的用户名
15      aspPass=request("txtPass")
16      '用aspName变量，接收上一个页面表单传             的用户名    添加的密码判断代码
17  %>
18  <%
19      if aspName="teacher" then          判断用户名是否为teacher
20          if aspPass="asp100" then
21              response.Redirect("yes.htm")   '密码正确时跳转到登录成功
22          else
23              response.Redirect("no.htm")    '密码错误时跳转到登录失败
24          end if
25      else
26          response.Write("用户名错误")    '不满足条件显示"用户名错误"
27      end if
28  %>
29  </body>
```

图 3.3.10　密码判断代码

提示：由于在用户登录时，用户名或密码有一个错误就可以终止程序，因此只在用户名正确的情况下判断密码。在用户名错误的情况下，不需要对密码是否正确进行判断。

步骤 7：测试密码的判断

在浏览器内测试"loginTch.htm"，输入用户名和密码。如用户名"teacher"，密码"987654"，然后单击"提交"按钮。显示效果如图 3.3.11 所示。

再次测试"loginTch.htm"，输入用户名和密码。如用户名"teacher"，密码"asp100"，然

后单击"提交"按钮。显示效果如图 3.3.12 所示。

图 3.3.11 登录失败界面

图 3.3.12 登录成功界面

提示： 这里的 no.htm 和 yes.htm 需要预先设计好，且保存位置与 loginTch.htm 相同。在实际的工程项目中，登录成功的页面与登录失败的页面往往很复杂。

习惯上为了安全考虑，一般在用户登录失败时不具体提示是用户名错误还是密码错误，而统一提示为"用户名或密码错误"。

在用户登录成功时跳转的往往是具有部分管理功能的页面或会员页面。这里的成功页面只是这些页面的简化。成功或失败后跳转的页面可以是静态的 HTM 或 HTML 页面。更多的是跳转到扩展名为.asp 的后台页面。

任务四 制作用户注册页面并显示注册信息

任务描述

根据学校的要求，需要开放网站的用户注册功能，通过注册信息方便网站的管理员对用户账号进行审批、监督和管理。

任务要求

- 熟练掌握表单中元素的使用。
- 熟练掌握 Response 对象和 Request 对象的使用。

知识准备

当表单中有多个表单元素提交到后台处理程序时，每一个表单元素都需要在后台处理程序中建立一个对应的变量接收传递过来的数据。变量的名称可以与表单中元素的名称一致，也可以具有一定的相关性。多个变量的命名建议遵循一定的规则，以方便在程序中引用。传递到后台处理程序的数据有些可以直接显示，有些可以根据需要直接保存到数据库中，有些数据则需要进行简单的运算或者判断才能够继续使用。

工作过程

步骤 1：打开项目

在 Dreamweaver 中打开"asp 项目 3\zhuce_v.html"，另存为"asp 项目 3\zhuce.html"，如图 3.4.1 所示。

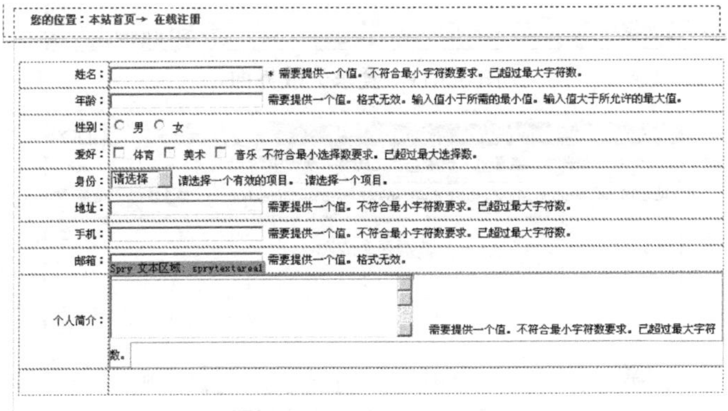

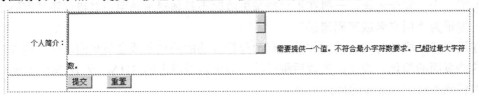

图 3.4.1 设计视图

步骤 2：添加按钮

为注册表单添加"提交"按钮和"重置"按钮，如图 3.4.2 所示。

图 3.4.2 添加"提交"按钮和"重置"按钮

步骤 3：设置表单属性

在设计视图下方选择<form>标签，为表单设置属性。设置动作为"zhuceSubmit.asp"，方法为"POST"，如图 3.4.3 所示。

图 3.4.3 设置表单属性

步骤 4：设置表单中的各元素

查看表单中各元素的名称。

元素标记	Name 属性	备 注
姓名	txtName	大于两个字符，小于 10 个字符
年龄	txtAge	16~80 之间的数字
性别	txtSex	同一组单选框只需要一个 name 属性
爱好 体育	txtAiHaoTY	复选框每一个都需要一个 name 属性
爱好 美术	txtAiHaoMS	复选框每一个都需要一个 name 属性
爱好 音乐	txtAiHaoYY	复选框每一个都需要一个 name 属性

续表

元素标记	Name 属性	备　注
身份	txtShenFen	必须选择一个有效的条目
地址	txtAddress	大于 10 个字符
手机	txtPhone	11 位号码
邮箱	txtEmail	需要符合邮箱的格式
个人简介	txtJianJie	

设定 txtAiHaoTY 的选定值为"体育"，txtAiHaoMS 的选定值为"美术"，txtAiHaoYY 的选定值为"音乐"。

步骤 5：添加接受注册信息的代码

新建一个 ASP 文件，保存位置与"zhuce.html"相同，文件名保存为"zhuceSubmit.asp"。

切换到"zhuceSubmit.asp"的代码视图，在<body>与</body>标签之间加入接受注册信息的代码，如图 3.4.4 所示。

```
9  <body>
10 <%
11 dim aspName, aspAge, aspSex, aspAiHaoTY, aspAiHaoMS, aspAiHaoYY
12 dim aspShenFen, aspAddress, aspPhone, aspEmail, aspJianJie
13 aspName=request("txtName")
14 aspAge=request("txtAge")
15 aspSex=request("txtSex")
16 aspAiHaoTY=request("txtAiHaoTY")
17 aspAiHaoMS=request("txtAiHaoMS")
18 aspAiHaoYY=request("txtAiHaoYY")
19 aspShenFen=request("txtShenFen")
20 aspAddress=request("txtAddress")
21 aspPhone=request("txtPhone")
22 aspEmail=request("txtEmail")
23 aspJianJie=request("txtJianJie")
24 %>
25 </body>
```

图 3.4.4　接受注册信息的代码

步骤 6：加入显示信息功能的代码

在接受信息后，加入显示信息的功能，代码如图 3.4.5 所示。

```
25 <%
26 response.Write("姓名: "&aspName&"<br>")
27 response.Write("年龄: "&aspAge&"<br>")
28 response.Write("性别: "&aspSex&"<br>")
29 response.Write("爱好: "&aspAiHaoTY&"-"&aspAiHaoMS&"-"&aspAiHaoYY&"<br>")
30 response.Write("身份: "&aspShenFen&"<br>")
31 response.Write("地址: "&aspAddress&"<br>")
32 response.Write("手机: "&aspPhone&"<br>")
33 response.Write("邮箱: "&aspEmail&"<br>")
34 response.Write("简介: "&aspJianJie&"<br>")
35 %>
36 </body>
```

图 3.4.5　显示注册信息的代码

步骤 7：测试页面功能

在浏览器中测试"zhuce.html"，并输入相应的有效数据，如图 3.4.6 所示。

提交后显示的最后效果如图 3.4.7 所示。

提示：对于身份信息如果直接保存到数据库，则不需要进一步处理；如果仅在网页中显示，则需要加入选择结构的语句进一步判断其中文含义是什么，然后再显示结果。

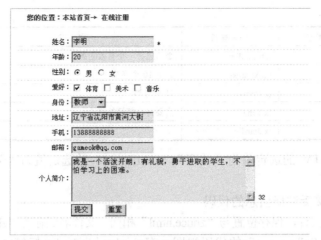

图 3.4.6 注册页面填写正确的效果

图 3.4.7 注册信息提交后的效果

 课后习题

选择题

（1）下列不属于 Response 对象的方法的是（　　　）。

　　A．Write　　　　　　　B．End　　　　　　C．Abandon　　　　D．Redirect

（2）在应用程序的各个页面中传递值，可以使用内置对象（　　　）。

　　A．Request　　　　　　　　　　　B．Application

　　C．Session　　　　　　　　　　　D．以上都可以

（3）执行完如下语句后，页面上显示的内容为（　　　）。

```
<%
response.Write "A"
response.End
response.Write "B"
%>
```

　　A．A　　　　　　　　B．AB　　　　　　C．AC　　　　　　D．ABC

（4）执行完如下语句后，页面上显示的内容为（　　　）。

```
<%
response.Write"<a href='http://www.baidu.com'>百度</a>"
%>
```

    A．百度
             B．<a href='http://www.baidu.com.cn'>百度</a>

    C．百度（超链接）
      D．该句有错，无法正常输出

项目四　制作学生评价标准

▌▌核心技术

- 数组的声明与赋值
- 循环控制结构
- 条件分支语句

▌▌任务目标

- 任务一：制作"学生成绩表"
- 任务二：统计科目平均分
- 任务三：统计学生成绩并评级

▌▌能力目标

- 一维数组与多维数组的声明
- 循环和多重循环

▌▌项目背景

每到期末，老师就要忙于统计和公布学生的成绩，由人工计算学生各科成绩的平均分、总分等工作量是很大的，学校希望网站能提供学生成绩的统计和发布功能。

▌▌项目分析

在处理评价信息的时候，必须用到编程中的分支结构。处理多个学生或多科成绩时，有时还需要用到数组及循环结构。

在使用数组时需要注意，使用数组元素的下标不要越界。在使用循环结构时需要保证有足够的条件可以退出循环结构，否则会导致服务器的性能降低，甚至死机。

▌▌项目目标

制作网页，实现显示班级学生的姓名、各科成绩和总分、平均分、评级等信息。

任务一 制作"学生成绩表"

任务描述

制作一个"学生成绩表",内容包括学生的座号、姓名和各个科目的成绩,如图 4.1.1。

座号	姓名	语文	数学	英语	体育
1	张无忌	95	88	60	93
2	令狐冲	60	75	81	77
3	郭靖	78	90	77	63
4	黄蓉	99	92	93	88

图 4.1.1 学生成绩表 1

任务要求

- 掌握数组的使用。
- 掌握循环的使用。
- 掌握循环中表格元素的使用。

知识准备

知识点 1:数组

在 ASP 程序中,可以用变量存储信息。在声明了一个变量之后,计算机会给这个变量提供一个内存空间,信息(数字或文字等)就存储在这个内存空间中,可以在程序中进行调用。

【案例 4-1-1】有 stu1(张无忌)和 stu2(令狐冲)两个学生,在网页中显示他们。

```
Dim stu1,stu2      '声明 stu1 和 stu2 两个变量
stu1="张无忌"       '给 stu1 赋值
stu2="令狐冲"
response.Write("有两个学生,他们分别是" & stu1&"和"&stu2)
```

浏览网页可以看到这句话:"有两个学生,他们分别是张无忌和令狐冲"。

如果要存储多个学生的数据,用变量就显得很麻烦,而且不便于管理。在程序开发过程中,可以采用数组来存储一系列相关的数据。

【案例 4-1-2】用数组存储两个学生的名字,并在网页中显示出来。

```
Dim student(1)             '声明一个名字为 student 的数组,包含 2 个数组元素
student(0)="张无忌"        '给第 1 个数组元素(下标为 0)赋值
student(1)="令狐冲"        '给第 2 个数组元素(下标为 1)赋值
response.Write("有两个学生,他们分别是" & student(0)&"和"&student(1))
```

浏览网页看到的效果和案例 4-1-1 是一样的。

认真阅读以上代码,可以看到定义数组和定义变量的方法相似,使用了关键字 "Dim",student 是数组名,数组名后面的括号里的数字称为下标,表示的是访问该数组时所允许的最大下标,并不是该数组的元素个数。访问数组时下标是从 0 开始的,student(0)访

问第 1 个元素，student(1)访问第 2 个元素，所以数组元素的个数等于最大下标加 1。在这段代码中数组 student 的数组元素个数是 2。student 的下标只有一个，所以称为一维数组。

数组不仅限于一维数组，还有多维数组。例如：

```
Dim myTable(2,3)      '声明一个二维数组，具有 3 行和 4 列元素
myTable(1,2)=100      '给第 2 行第 3 列的元素赋值
Dim myCube(2,3,4)     '三维数组
```

当数组的大小（数组中元素的个数）在编程时还不确定，需要在程序运行时才知道的时候，可以用"ReDim"和变量来声明数组。例如：

```
n=1
ReDim student(n)      '声明一个名为 student 的数组，包含 n+1 个数组元素
student(0)="张无忌"   '给第 1 个数组元素（下标为 0）赋值
…
```

当数组元素的多少及内容已经确定时，可以在声明数组的同时进行初始化。

【案例 4-1-3】定义一个月份数组，内容包括一月到十二月，并逐个输出。

```
<%
months=Array("一月","二月","三月","四月","五月","六月","七月","八月","九月","十月", "十一月","十二月")
    '声明 months 数组，并用 Array 进行初始化，数组的大小由元素个数决定
response.Write( months(0))
response.Write( months(1))
response.Write( months(2))
response.Write( months(3))
response.Write( months(4))
response.Write( months(5))
response.Write( months(6))
response.Write( months(7))
response.Write( months(8))
response.Write( months(9))
response.Write( months(10))
response.Write( months(11))
%>
```

知识点 2：for 循环

在案例 4-1-3 中，通过编写数组名加下标逐个输出数组元素很麻烦，可以通过 For...Next 循环来遍历数组中的元素。其语法格式为：

```
For <循环变量>=<初始值> To <终止值>  [Step <步长值>]
    <语句块>
Next
```

For 是循环的开始，初始值、终止值和步长值决定循环的次数。

```
<%
For i=0 To 11      '声明循环变量 i，初始值为 0，终止值为 11，步长为 1，可以省略
    response.Write( months(i)&"<br>")      '<br>是 HTML 中的换行标记
```

```
    Next
%>
```

运行结果如图 4.1.2 所示。

图 4.1.2　显示月份

工作过程

新建一个文件，命名为 41a.asp，保存路径为"asp 项目 4"。程序代码如下：

【41a.asp】

```
    Dim Student(3,5)    '声明一个 4 行 6 列二维数组
    Student(0,0)=1      '座号
    Student(0,1)="张无忌"  '姓名
    Student(0,2)=95     '成绩
    Student(0,3)=88     '成绩
    Student(0,4)=60     '成绩
    Student(0,5)=93     '成绩
    …
    '用类似的方法初始化另外 3 个学生的信息
    '用二重循环遍历输出二维数组的元素
    For i=0 To 3            '第 1 维的下标从 0 到 3
      For j=0 To 5          '第 2 维的下标从 0 到 5
        response.Write Student(i,j)&" "  '每个元素后面加一个空格
      Next
      response.Write "<br>"        '每一行之后加一个换行
    Next
```

预览网页的效果如图 4.1.3 所示。

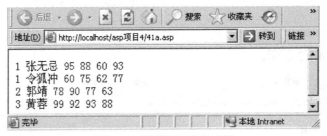

图 4.1.3　循环显示学生成绩

程序已经把数组元素输出到网页中，但是格式上有些混乱，不适合网页布局排版。可以结合所学的网页设计的知识，在表格中输出数据，改写 41a.asp，使最终效果如图 4.1.4 所示。

图 4.1.4　加入表格的学生成绩表

程序代码如下：

```
【41b.asp】
    '数组的声明和赋值过程略
    <table width="360" border="1">
     <tr>
       <th scope="col">座号</th>
       <th scope="col">姓名</th>
       <th scope="col">语文</th>
       <th scope="col">数学</th>
       <th scope="col">英语</th>
       <th scope="col">体育</th>
     </tr>
    <%
    '用二重循环遍历二维数组的元素
    For i=0 To 3                        '第 1 维的下标从 0 到 3
       response.Write ("<tr>")          '输出行的开始标记
       For j=0 To 5                     '第 2 维的下标从 0 到 5
         response.Write ("<td>")        '输出单元格的开始标记
         response.Write Student(i,j)
         response.Write ("</td>")       '输出单元格的结束标记
       Next
```

```
        response.Write ("</tr>")           '输出行的结束标记
    Next
    %>
    </table>
```

任务二 统计科目平均分

任务描述

在任务一的基础上，统计"学生成绩表"中每个科目的平均分，效果如图 4.2.1 所示。

座号	姓名	语文	数学	英语	体育
1	张无忌	95	88	60	93
2	令狐冲	60	75	62	77
3	郭靖	78	90	77	63
4	黄蓉	99	92	93	88
	平均分	83	86.25	73	80.25

图 4.2.1 学生成绩表 2

任务要求

- 掌握数组的重定义。
- 掌握 Ubound()函数的使用。

知识准备

Ubound 函数

返回数组最后一个元素的下标，例如：

```
Dim array1(3)
response.Write(Ubound(array1))     '输出 array1 的最大下标，即 3
```
同样，也可以返回多维数组各个维的最大下标，例如：

```
Dim array2(4,6)
response.Write(Ubound(array2,1))     '输出 array2 第 1 维的最大下标，即 4
response.Write(Ubound(array2,2))     '输出 array2 第 2 维的最大下标，即 6
```

工作过程

要统计平均分，首先要统计所有学生的总分，最后通过总分除以学生数得到平均分。总分可以在遍历数组元素的过程中通过累加每个学生的成绩获得。

新建一个文件，命名为"42c.asp"，保存路径为"asp 项目 4"。

程序代码如下：

```
'表头相关的 HTML 代码同任务一，略
Dim sum(3)          '声明一个数组，用于记录各科成绩
'用二重循环遍历二维数组的元素
For i=0 To 3        '第 1 维的下标从 0 到 3
```

```
        response.Write ("<tr>")           '输出行的开始标记
        For j=0 To 5              '第 2 维的下标从 0 到 5
            response.Write ("<td>")'输出单元格的开始标记
            response.Write Student(i,j)
            if j>=2 then             '第 2 维下标大于 2 的是成绩
                sum(j-2)=sum(j-2)+Student(i,j)          '累加成绩
            end if
            response.Write ("</td>")          '输出单元格的结束标记
        Next
        response.Write ("</tr>")           '输出行的结束标记
    Next
    '此时，已经把成绩表输出，各科总成绩也统计在 sum 数组中，接下来完成输出工作
    response.Write ("<tr><td></td><td>平均分</td>")
    response.Write ("<td>"&sum(0)/4&"</td><td>"&sum(1)/4&"</td><td>"
    &sum(2)/4&"</td><td>"
        &sum(3)/4&"</td>")
    response.Write ("</tr>")
```

预览网页的效果如图 4.2.1 所示。

此时上面的代码已经可以满足任务的需求了，但是如果增加一个学生或增加一个科目就会导致代码产生较大的改动，这说明程序设计不够合理。应该把可能会改变的因素提取出来，用变量表示，使程序的适应性更强。修改后的代码如下：

```
    Dim kmzs        '声明一个变量，用于存储科目总数
    kmzs=4             '科目总数为 4
    ReDim sum(kmzs-1)          '声明一个数组，用于记录各科成绩。用 ReDim 声明
    '用二重循环遍历二维数组的元素
    For i=0 To Ubound(Student,1)          '第 1 维
        response.Write ("<tr>")           '输出行的开始标记
        For j=0 To Ubound(Student,2)      '第 2 维
            response.Write ("<td>")'输出单元格的开始标记
            response.Write Student(i,j)
            if j>=2 then             '第 2 维下标大于 2 的是成绩
                sum(j-2)=sum(j-2)+Student(i,j)          '累加成绩
            end if
            response.Write ("</td>")          '输出单元格的结束标记
        next
        response.Write ("</tr>")           '输出行的结束标记
    Next

    '此时，已经把成绩表输出了，各科总成绩也统计在 sum 数组中，接下来完成输出工作
    response.Write ("<tr><td></td><td>平均分</td>")
    For k=0 To kmzs-1
```

```
        response.Write ("<td>"&sum(k)/(Ubound(Student,1)+1)&"</td>")
        '学生总人数为第 1 维的最大下标+1
    Next
    response.Write ("</tr>")
```

修改后的代码具有更强的适应能力，要增加或减少学生或科目只需修改声明部分和变量，输出部分的代码不需要进行任何修改。

尝试增加一个学生，并初始化成绩，不修改其他代码，效果如图 4.2.2 所示。

座号	姓名	语文	数学	英语	体育
1	张无忌	95	88	60	93
2	令狐冲	60	75	62	77
3	郭靖	78	90	77	63
4	黄蓉	99	92	93	88
5	石破天	23	18	35	44
	平均分	71	72.6	65.4	73

图 4.2.2　学生成绩表 3

知识扩展

1. Do While...Loop 循环

在进入循环前先判断条件是否成立，当条件为 True（真）时重复执行语句块，直到条件变成 False（假）。语法格式如下：

```
Do While <条件>
    <语句块>
Loop
```

【案例 4-2-1】计算 1+2+3+…+50，并输出结果。

程序代码如下：

```
【4-2-1.asp】
    Dim n,sum
    n=0
    sum=0
    Do While n<50
      n=n+1
      sum=sum+n
    Loop
    response.Write(sum)
```

输出结果为 1275。

2. Do...Loop While 循环

首先执行一遍语句块，然后再判断条件是否成立，当条件为 True 时重复执行语句块，直到条件变成 False。语法格式如下：

```
Do
    <语句块>
Loop While <条件>
```

用 Do...Loop While 循环完成案例 4-2-1，程序代码如下：

【4-2-2.asp】

```
Dim n,sum
n=0
sum=0
Do
  n=n+1
  sum=sum+n
Loop While n<50
response.Write(sum)
```

执行效果与 4-2-1.asp 完全一样。

这两种循环的区别在于，Do While...Loop 是先判断条件再执行语句块，如果条件一开始就不满足，则语句块一次都不执行；而 Do...Loop While 是先执行一次语句块再判断条件，它至少执行一次语句块。

3. While...Wend 循环

和 Do While...Loop 循环基本相同，当执行到 While 语句时判断条件，如果为 True 则执行语句块，如果为 False 就退出循环。语法格式如下：

```
While <条件>
    <语句块>
Wend
```

用 While...Wend 循环完成案例 4-2-1，程序代码如下：

【4-2-3.asp】

```
Dim n,sum
n=0
sum=0
While n<50
  n=n+1
  sum=sum+n
Wend
response.Write(sum)
```

任务三　统计学生成绩并评级

▌▌ 任务描述

在任务一的基础上，统计"学生成绩表"中每个学生的总分、平均分，并进行评级，评级标准是 90 分以上为"优秀"，75～90 分为"良好"，60～75 分为"及格"，60 分以下为不及格。效果如图 4.3.1 所示。

▌▌ 任务要求

- 掌握循环结构。

- 掌握双分支选择结构的嵌套。
- 掌握多分支选择结构。

座号	姓名	语文	数学	英语	体育	总分	平均分	评级
1	张无忌	95	88	60	93	336	84	良好
2	令狐冲	60	75	62	77	274	68.5	及格
3	郭靖	78	90	77	63	308	77	良好
4	黄蓉	99	92	93	88	372	93	优秀
5	石破天	23	18	35	44	120	30	不及格

图 4.3.1　学生成绩评价表

知识准备

多分支选择结构

多分支选择结构的特点：从多个选择结构中，选择第一个条件为真的路线作为执行的线路。即当所给定的选择条件为真时，执行 A1 块；如果为假，则继续检查下一个条件。如果条件都为假，则执行其他操作块。如果没有其他操作块，则不进行任何操作就结束选择。其语法结构如下：

```
select case <测试条件>
    [case <表达式 1>
    [ <语句列 1> ]]
    [case <表达式 2>
    [ <语句列 1> ]]
    ...
    [case else
    [ <其他语句列> ]]
end select
```

示例代码如图 4.3.2 所示。

```
1   <html>
2   <head><title>asp简单程序</title></head>
3   <body>
4   <%
5   dim aa,bb,cc,dd,ee,ff,my_time
6   my_time=time()
7   aa=#00:00:00#
8   bb=#07:00:00#
9   cc=#12:00:00#
10  dd=#14:00:00#
11  ee=#20:00:00#
12  ff=#23:59:59#
13  x=time()
14  select case true
15  case x>=aa and x<bb
16  response.Write("早上好 ,欢迎你的光临 !")
17  case x>bb and x<cc
18  response.Write(" 上午好,欢迎你的光临 !")
19  case x>cc and x<dd
20  response.Write("中午好 ,欢迎你的光临 !")
21  case x>dd and x<ee
22  response.Write("下午好 ,欢迎你的光临 !")
23  case x>ee and x<ff
24  response.Write("晚上好 ,欢迎你的光临 !")
25  end select
26  %>
27  </body>
28  </html>
```

图 4.3.2　多分支代码

▌▌工作过程

统计学生各科成绩总分与任务二相似，只需要在循环中声明一个变量即可，评级则使用 if...else 语句判断。保存为 **43a.asp**，保存路径为"asp 项目 4"。程序代码如下：

```
Dim kmzs          '声明一个变量，用于存储科目总数
kmzs=4            '科目总数为 4
'用二重循环遍历二维数组的元素
For i=0 To Ubound(Student,1)              '第 1 维
    response.Write ("<tr>")               '输出行的开始标记
    Dim sum       '用于记录学生个人总成绩
    sum=0
    For j=0 To Ubound(Student,2)          '第 2 维
        response.Write ("<td>")           '输出单元格的开始标记
        response.Write Student(i,j)
        if j>=2 then                      '第 2 维下标大于 2 的是成绩
            sum=sum+Student(i,j)          '累加成绩
        end if
        response.Write ("</td>")          '输出单元格的结束标记
    Next
    response.Write ("<td>"&sum&"</td>")         '在单元格中输出成绩总和
    response.Write ("<td>"&sum/kmzs&"</td>")    '在单元格中输出平均分
    response.Write ("<td>")
    if  sum/kmzs>=90 then         '开始进行判断评级
        response.Write("优秀")
    elseif sum/kmzs>=75 then
        response.Write("良好")
    elseif sum/kmzs>=60 then
        response.Write("及格")
    else
        response.Write("不及格")
    end if
    response.Write ("</td>")
    response.Write ("</tr>")          '输出行的结束标记
Next
```

预览网页的效果如图 4.3.1 所示，任务完成。

此外，还可以使用 select...case...分支语句，可使代码更简洁，程序代码如下：

```
pjf=sum/kmzs
select case True
    case pjf>=90
        response.Write("优秀")
    case pjf>=75
        response.Write("良好")
```

```
        case pjf>=60
            response.Write("及格")
        case pjf<60
            response.Write("不及格")
    end select
```

 课后习题

1. 选择题

（1）关于 For...Next 语句，下面说法错误的是（   ）。

　　A. 可以在循环中的任何位置放置一个 Exit For 语句

　　B. step 的值必须是整数，默认为 1

　　C. For i = 1 To 15 Step 4 ，这一行说明循环体最多可以执行 4 次

　　D. 计数变量 i 可以是变量或表达式。

（2）下面程序段执行完毕，页面上显示的内容是（   ）。

```
<%
    Dim I,sum
    Sum=0
    For i=1 to 10
        Sum=sum+i
    Next
    response.Write( "1+2+3+……+10=" & Sum)
%>
```

　　A. 1+2+3+……+10=55

　　B. "1+2+3+……+10=" 55

　　C. "1+2+3+……+10=&55"

　　D. 该程序有错无法正常输出

（3）执行完如下语句后，Sum 的值为（   ）。

```
<%
    Dim a(5),Sum
    Sum=0
    For I=0 To 5
        a(I)=I
        Sum=Sum+a(I)
    Next
%>
```

　　A. 0　　　　　　　　B. 5　　　　　　　C. 15　　　　　　　D. 20

2. 编程题

（1）编程输出"九九乘法表"，输出效果如图 4.e.1。

1X1=1	1X2=2	1X3=3	1X4=4	1X5=5	1X6=6	1X7=7	1X8=8	1X9=9
2X1=2	2X2=4	2X3=6	2X4=8	2X5=10	2X6=12	2X7=14	2X8=16	2X9=18
3X1=3	3X2=6	3X3=9	3X4=12	3X5=15	3X6=18	3X7=21	3X8=24	3X9=27
4X1=4	4X2=8	4X3=12	4X4=16	4X5=20	4X6=24	4X7=28	4X8=32	4X9=36
5X1=5	5X2=10	5X3=15	5X4=20	5X5=25	5X6=30	5X7=35	5X8=40	5X9=45
6X1=6	6X2=12	6X3=18	6X4=24	6X5=30	6X6=36	6X7=42	6X8=48	6X9=54
7X1=7	7X2=14	7X3=21	7X4=28	7X5=35	7X6=42	7X7=49	7X8=56	7X9=63
8X1=8	8X2=16	8X3=24	8X4=32	8X5=40	8X6=48	8X7=56	8X8=64	8X9=72
9X1=9	9X2=18	9X3=27	9X4=36	9X5=45	9X6=54	9X7=63	9X8=72	9X9=81

图 4.e.1　九九乘法表

（2）请编写代码，在页面上显示如下图形。注意：只要写出主要代码即可。

```
*
**
***
****
*****
******
*******
********
```

（3）请编写代码，在页面上显示如下图形。注意：只要写出主要代码即可。

```
********
*******
******
*****
****
***
**
*
```

（4）请编写代码，在页面上显示如下图形。注意：只要写出主要代码即可。

```
*
***
*****
*******
*****
***
*
```

项目五　查询数据库中的用户信息

▌核心技术

- ADO 连接数据库的方法
- 检索数据 Recordset 对象
- 分页显示数据

▌任务目标

- 任务一：显示一条数据库中的用户信息
- 任务二：显示用户信息列表
- 任务三：分页显示学生成绩
- 任务四：显示学生信息及成绩

▌能力目标

- 会使用 OLE DB 建立与数据库的连接
- 会使用 Recordset 从数据库中检索数据
- 会分页显示数据库中的记录
- 会从数据库的不同数据表中检索数据

▌项目背景

　　网站的所有数据资源都是存放在后台数据库之中的，信息工程学校的网站向用户提供了各种信息查询的功能。这一功能的实现是通过各种数据表之间的关联进行的，教师、学生可以根据不同的条件从数据库中的数据表检索不同的信息，大大提高了工作效率，真正实现了信息化教育、信息化办公。

▌项目分析

　　教师作为校园网特殊的用户，有时需要查询一名学生的信息，有时需要查询所有学生的信息，甚至查询与一名学生相关的所有信息。前面两个一般只涉及一张数据表，后面一个可能涉及很多张数据表，这时就需要根据数据表之间的关系进行查询了。因此，本项目的完成可由单一用户信息的查询、所有用户信息的查询及用户的多种信息的查询三个任务来实现，信息量较大的还需进行分页显示。

▌项目目标

　　本项目主要从检索单一用户信息出发，讲解与数据库的连接方法，再通过 Recordset 从数据库中检索多用户信息，掌握检索数据库信息的方法，并实现分页显示效果。最后利用用户表和成绩表检索学生的信息和成绩，完成多表之间的联结查询。

任务一　显示一条数据库中的用户信息

▌▌ 任务描述

在学校的网站中需要体现校园明星的个人信息，而这些信息目前都保存在数据库中。要求网站管理员设计网页，能够从数据库中读取出个人信息和个人的图片信息，并在相关的页面上显示出来。

▌▌ 任务要求

- ADO 组件的使用。
- SQL 的常识。
- 读取数据库中的记录。

知识准备

知识点 1：数据库的连接

在 ASP 中，数据库的连接有多种方法，最常用的方法主要是通过 ADO 组件，结合 OLEDB 接口访问数据源。在 ASP 中连接数据库的基本流程如下。

（1）创建数据库访问 Database Access 组件。

（2）利用 Database Access 组件中的 Connection 对象连接数据库。

（3）利用已经建立的连接，通过组件中的对象执行 SQL 命令。

（4）使用完毕后关闭数据库连接，释放对象。ADO 对象及其作用如下所示。

ADO 对象	对象的作用
Connection	连接对象，用来建立数据源和 ADO 程序之间的连接
Recordset	记录集对象，用来浏览和操作已经连接的数据库内的数据
Command	数据命令对象，返回一个 Recordset 记录集或执行一个操作

知识点 2：数据记录集

在 ASP 中，用户对数据库的所有操作都是通过记录集的方式来完成的。记录集（Recordset）对象表示的是来自基本表或命令执行结果集合。在任何情况下，该对象所指的当前记录均为集合内的单条记录。使用 Recordset 对象可以操作来自程序的数据，通过该对象几乎可以对所有数据进行操作。所有 Recordset 对象均使用记录（行）和字段（列）进行构造。在获取记录集时往往会用到 SQL 语句和数据连接。

知识点 3：SQL

结构化查询语言(Structured Query Language，SQL)，是一种数据库查询和程序设计语言，用于存取数据，以及查询、更新和管理关系数据库系统。结构化查询语言是高级的非过程化编程语言，目前几乎在所有的数据库中都可以使用 SQL 进行数据记录的操作。它不要求用户指定对数据的存放方法，也不需要用户了解具体的数据存放方式，所以具有完全不同底层结构的不同数据库系统都可以使用相同的结构化查询语言作为数据输入与管理的接口。SQL 语句可以嵌套，这使它具有极大的灵活性和强大的功能。

SQL 基本上独立于数据库本身，以及使用的机器、网络、操作系统，基于 SQL 的

DBMS 产品运行的范围从个人机、工作站到基于局域网、小型机和大型机的各种计算机系统，具有良好的可移植性。数据库和各种产品都使用 SQL 作为共同的数据存取语言和标准接口，使不同数据库系统之间的相互操作有了共同的基础，进而实现异构机、各种操作环境的共享与移植。

▋▋ 工作过程

步骤 1：新建文件

新建一个 ASP 文件，命名为 star_view02.asp，保存到网站根目录下，界面设计如图 5.1.1 所示。

图 5.1.1　设计视图

步骤 2：连接数据库

连接代码如图 5.1.2 所示。

```
27    <%
28        dim conn
29        set conn=server.createobject("adodb.connection")
30        mydata_path = "/db/2008.mdb"    '设置数据库的相对地址
31        conn.connectionstring="provider=microsoft.jet.oledb.4.0;"&
   "data source="&server.mappath(mydata_path)
32        conn.open
33    %>
```

图 5.1.2　数据库连接代码

设置查询的 SQL 语句及记录集，如图 5.1.3 所示。

```
34    <%
35        set rs=server.createobject("adodb.recordset")
36        sql="select * from star "
37        rs.open sql,conn,1,1
38    %>
```

图 5.1.3　将数据表信息填充到数据集中

步骤 3：显示检索信息

显示记录集信息的代码如图 5.1.4 所示。

```
<table width="100%" height="79" border="0" align="center" cellpadding="0" cellspacing="0">
  <tr>
    <td colspan="8" align="center">
    <img src="<%=rs("photo")%>" width="194" height="202" border="0" />
    </td>
  </tr>
  <tr bgcolor="#CCCCCC">
    <td width="43">姓名：</td>
    <td bgcolor="#CCCCCC"><%=rs("name")%></td>
    <td width="45">年龄：</td>
    <td><%=rs("age")%></td>
    <td width="45">职业：</td>
    <td><%=rs("Professional")%></td>
    <td width="48">性别：</td>
    <td><%=rs("sex")%></td>
  </tr>
  <tr>
    <td colspan="8"><%=rs("content")%></td>
  </tr>
</table>
```

图 5.1.4 在表格中显示记录集

数据库的结构如下：

字 段 名	含 义	备 注
photo	照片图片路径	图片的绝对路径
name	姓名	
age	年龄	
Professional	职业	
sex	性别	
content	内容	

页面最终效果如图 5.1.5 所示。

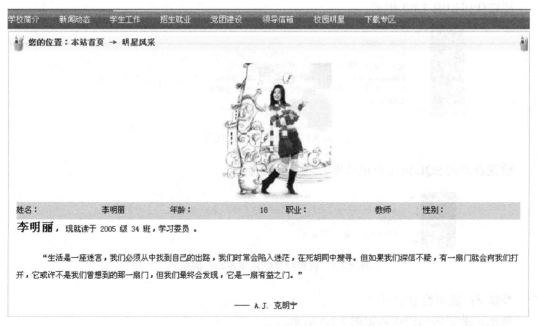

图 5.1.5 页面最终效果

知识扩展

知识点 1：连接数据库 Connection 对象

1．Connection 对象的创建

创建 Connection 对象的实例是建立数据库连接的前提，即可以通过调用 Server 对象的 CreateObject 方法，格式如下：

```
<%Set 变量名=Server.Createobject("ADODB.Connection")%>
```

2．连接数据源的方法

Connection 对象创建完成后，需打开对象，真正建立与数据源的连接，这样才能操作数据库。连接数据源有两种方法，一种是通过 ODBC 与数据库建立连接；另一种是直接使用 OLE DB 数据库驱动程序与数据库建立连接。

例如，ASP 连接"a.mdb"数据库：

```
<%
Set cn=Server.Createobject("ADODB.Connection") '创建 cn 为 Connection 对象实例
cn.Open"DRIVER={Microsoft Access Driver(*.mdb)};DBQ="& Server.MapPath
("a.mdb")
'使用 Server.MapPath 调出数据库路径并建立数据库连接
%>
```

3．Connection 对象的方法

在定义一个可以与数据源连接的变量后，需要使用对象方法打开 Connection 对象，对数据库执行查询、添加、删除等相关操作。Connection 对象方法主要有以下三种。

1）Open 方法

Connection 对象的 Open 方法可以建立到数据源的物理连接，该方法执行成功后，连接才真正建立，这时用户才能对数据源发出命令并执行操作。

语法格式：

```
cn.open[ConnectionString] [,userID],[,password][,options]
```

cn 为已经建立的数据库的 Connection 对象实例。ConnectionString 表示连接字符串，它包含由分号分隔的一系列 argument=value 语句。ConnectionString 参数及其说明如下所述。

参　　数	说　　明
DSN	数据源名
PWD	访问数据源口令
UID	访问数据源的用户账号
Provider	设置用来连接的提供者名称
File Name	设置包含预先设置连接信息的特定提供者的文件名称

如果在 ConnectionString 参数和可选的 userID 及 password 参数中传送用户名及密码信息，那么 userID 及 password 参数将覆盖 ConnectionString 中指定的值。

例如，使用字符串连接 a.mdb 数据库。

```
<%
```

```
Set cn=Server.Createobject("ADODB.Connection")
cn.Open"DRIVER={Microsoft   Access   Driver   (*.mdb)};DBQ="  &  Server.
MapPath ("a.mdb")
%>
```

2）Close 方法

Connection 对象的 Close 方法用于在 Connection 操作结束后，关闭对象以释放所关联的系统资源。关闭对象并不是从内存中将其删除，用户仍可以更改它的属性设置并在此后再次打开。要将对象从内存中完全删除，可将对象变量设置为 Nothing。相应代码如下：

```
<%
cn.close
set cn=nothing
%>
```

3）Execute 方法

Connection 对象的 Execute 方法用于执行指定的查询、SQL 语句、存储过程或特定提供者的文本等内容。语法格式如下：

```
cn.Execute CommandText[,RecordsAffected][,Options]
```

cn 是已经建立的数据库的 Connection 对象实例。

CommandText 是一个字符串，包含表名、SQL 语句、存储过程或特定提供者的文本。

RecordsAffected 是一个变量，返回本次操作所影响的记录数。

Options 用于指示数据提供者应怎样解析 CommandText 参数。Options 参数可选值及其说明如下所示。

参 数 值	说 明
adCMDTable	表明被执行的字符串是一个表的名字
adCMDText	表明命令字符串是一个 SQL 串
adCMDStoreProe	表明被执行的字符串是一个存储过程名
adCMDUnknown	不指定字符串的内容（默认值）

例如，向 a.mdb 数据库中的 user 表添加一条新记录。

```
<%
Set cn=Server.Createobject("ADODB.Connection")
cn.Open"DRIVER={Microsoft   Access   Driver(*.mdb)};DBQ="& Server.MapPath
("a.mdb")
'与数据源建立连接
sql="insert into user(姓名，班级，年龄)values('刘闯', '软件1301', '17')"
'将插入 SQL 语句赋给 sql 变量
cn. Execute(sql)     '执行 SQL 语句
cn.close
set cn=nothing
%>
```

如果将 a.mdb 数据库 user 表中姓名 "王悦" 改为 "王跃"，则代码如下：

```
<%
Set cn=Server.Createobject("ADODB.Connection")
cn.Open"DRIVER={Microsoft Access Driver(*.mdb)};DBQ=" & Server.MapPath
("a.mdb")
    '与数据源建立连接
ab="update user set 姓名='王跃'where 姓名='王悦'"  '将插入SQL语句赋给ab变量
cn. Execute(ab)                              '执行SQL语句
cn.close
set cn=nothing
%>
```

知识点 2：SQL 语法

SQL 语法非常简单，对于数据库的操作主要是对数据的增、删、改、查，所对应的关键词分别如下所示。

SELECT：从数据库表中获取数据。

UPDATE：更新数据库表中的数据。

DELETE：从数据库表中删除数据。

INSERT INTO：向数据库表中插入数据。

知识点 3：SQL 数据记录的查找

SELECT 语句用于从表中选取数据，结果被存储在一个结果表中（称为结果集）。

语法格式：

```
SELECT 列名称 FROM 表名称
```

或者

```
SELECT * FROM 表名称
```

注释：SQL 语句对大小写不敏感。SELECT 等效于 select。

实例：

Persons 表的结构

ID	姓名	联系电话	住址
1	李明	130××××9999	北京
2	张宁	138××××5555	上海
3	赵阳	159××××3333	广州

如需从名为"Persons"的数据库表获取名为"姓名"和"联系电话"列的内容，请使用类似这样的 SELECT 语句：

```
SELECT 姓名,联系电话 FROM Persons
```

结果：

姓名	联系电话
李明	130××××9999
张宁	138××××5555
赵阳	159××××3333

如果现在希望从"Persons"表中选取所有的列，则使用以下代码：

```
SELECT * FROM Persons
```

注释：*代表获取表中所有列的内容。

结果：

ID	姓名	联系电话	住址
1	李明	130××××9999	北京
2	张宁	138××××5555	上海
3	赵阳	159××××3333	广州

知识点 4：SQL 语句的条件限定

在 SQL 语句中，使用 WHERE 子句来限定数据选择的条件和范围。如需有条件地从表中选取数据，可将 WHERE 子句添加到 SELECT 语句中。

语法格式：

```
SELECT * FROM 表名称 WHERE 条件
```

下面的运算符可在 WHERE 子句中使用：

操 作 符	描 述
=	等于
<>	不等于
>	大于
<	小于
>=	大于等于
<=	小于等于
BETWEEN	在某个范围内
LIKE	搜索某种模式

注释：在某些版本的 SQL 中，操作符 <> 可以写为 !=。

如果只希望选取居住在"北京"的人，则需要向 SELECT 语句中添加 WHERE 子句：

```
SELECT * FROM Persons WHERE 住址='北京'
```

结果：

ID	姓名	联系电话	住址
1	李明	130××××9999	北京

注意：在例子中的条件值周围使用的是单引号。SQL 使用单引号来环绕文本值（部分数据库系统也接受双引号）。如果是数值，则不能使用引号。

在查询时需要注意查询中涉及的条件字段的属性及变量和常量的正确表达方式。

正确的例子	SELECT * FROM Persons WHERE 姓名='赵阳'
错误的例子	SELECT * FROM Persons WHERE FirstName=赵阳

本例错在没有分清变量和常量的关系，一般字符串常量需要使用单引号标志，没有单引号标志的一般默认为变量或数字。

ID 值为数字时：

正确的例子	SELECT * FROM Persons WHERE id>2
错误的例子	SELECT * FROM Persons WHERE id>'2'

知识点 5：临时数据表的排序

在使用 SELECT 对数据进行选择时，可以使用 order by 语句对得到的结果进行排序。order by 子句是可选的，该子句通常是 SQL 语句中的最后一项。如果希望得到的结果按指定的顺序显示数据，则必须使用 order by 子句。默认的排序顺序是升序，即 A~Z，0~9。若要按降序排序记录，则应在需要排序的字段后加 desc 保留字进行说明。

例如：

```
SELECT 学号,姓名,性别,成绩 from stu order by 成绩 desc
```

表示将选择出的记录集按成绩由高到低进行排序。

任务二 显示用户信息列表

▌任务描述

在学校的网站中，需要显示优秀学生和优秀教师的信息。要求以图片的缩略图形式展示优秀学生或优秀教师的列表。通过单击超级链接可以查询到对应的详细信息。

▌任务要求

- 掌握查询语句的使用。
- 能够使用循环结构显示多条记录。

▌知识准备

知识点：Recordset 对象

Recordset 对象实际上是依附于 Connection 对象和 Command 对象之上的。通过建立及开启一个 Connection 对象，可以与人们关心的数据库建立连接；通过使用 Command 对象，可以告诉数据库想要做什么，是插入一条记录，还是查找符合条件的记录；通过使用 Recordset 对象，可以方便自如地操作 Command 对象返回的结果。

要使用 Recordset 对象处理结果，首先必须创建 Recordset 对象实例。其语法格式如下：

```
Set RS=Server.CreateObject("adodb.Recordset")
```

打开记录集语法格式如下：

```
RS.Open Source,ActiveConnection,CursorType,LockType,Options
```

所有的参数都是可选项，如下所示。

参　数	含　义
Source	为 Command 对象变量名、SQL 语句、表名、存储过程
ActiveConnection	为有效的 Connection 对象变量名或包含 ConnectionString 字符串
LockType	指定打开 Recordset 时应使用的锁定类型
Options	指定如何计算 Source 参数或从以前保存 Recordset 的文件中恢复 Recordset

▌工作过程

步骤 1：新建文件

新建一个文件，命名为 star02.asp，保存到网站根目录下，界面设计如图 5.2.1 所示。

图 5.2.1　素材

步骤 2：连接数据库、记录集和 SQL 语句

数据连接代码如图 5.2.2 所示。

```
12  <%
13      dim conn
14      set conn=server.createobject("adodb.connection")
15      mydata_path = "/db/2008.mdb"  '设置数据库的相对地址
16      conn.connectionstring="provider=microsoft.jet.oledb.4.0;"&
"data source="&server.mappath(mydata_path) '此两行为同一行
17      conn.open
18  %>
```

图 5.2.2　数据库连接代码

设置记录集和 SQL 语句，如图 5.2.3 所示。

```
45  <%
46  set rs=server.createobject("adodb.recordset")
47  sql="select * from star"
48  rs.open sql,conn,1,1
49  %>
```

图 5.2.3　记录集获取数据代码

步骤 3：显示检索信息

代码如图 5.2.4 所示。

```
51  <ul class="products">
52  <%
53  if rs.eof then
54      response.Write "没有找到相关记录！"
55  else
56  %>
57      <%do while not rs.eof%>
58      <li>
59      <a href="star_view.asp?id=<%=rs("id")%>" title="<%=rs("name")%>">
60      <img src="<%=rs("photo")%>" width="160" height="166" />
61      </a><br />
62      <a href="star_view.asp?id=<%=rs("id")%>" title="<%=rs("name")%>"><%=left(rs("name"),40)%></a>
63      </li>
64  <%
65      rs.movenext
66      loop
67  end if
68  %>
69  </ul>
```

图 5.2.4　显示记录集数据代码

关闭数据集和数据连接，代码如图 5.2.5 所示。

```
78   <%
79   rs.close            '关闭数据集
80   set rs=nothing      '释放数据集变量
81   conn.close          '关闭数据连接
82   set conn=nothing    |'释放数据连接变量
83   %>
```

图 5.2.5　关闭记录集和数据连接

步骤 4：预览网页

检索结果的显示如图 5.2.6 所示。

图 5.2.6　显示用户信息列表

任务三　分页显示学生成绩

任务描述

由于学校学生的人数比较多，在显示学生列表的时候如果都显示在同一页很不方便，网页的加载速度也会很慢。要求网络管理员设计显示学生成绩的页面。每 10 条记录显示一页，下 10 条记录显示到另外一页中。为测试方便，可以暂时设置每页显示 2 条记录。

任务要求

- 数据的分页显示。
- 数据记录集的使用。
- Do while 循环结构的使用。

知识准备

为了提高网页的执行效率，降低网络编程的复杂程度，以及减少对数据库的非必要读取操作，在 ASP 操作数据库的时候提供了分页的功能。

常用的分页参数主要有以下几种（以 rs 为记录集对象）。

rs.pagesize 是一个可以设置数值的参数。此参数主要用于设置每页中需要显示记录的条数。在使用循环结构显示多条记录时，一般可以把这个参数作为循环结束的条件，以此来控制数据库记录在页面上实际显示的记录条数。**pagesize** 的大小和记录的总条数，共同决定了在网页中可以显示记录的页数。

```
pagesize 示例代码
N=0          '已经显示记录的条数
Do While not rs.eof and n<rs.pagesize
   response.Write(rs("name"))
   N=n+1
   rs.movenext
Loop
```

rs.recordcount 用于统计数据集中记录的总数，由系统根据记录集自动计算。可以直接使用，不用赋值。

rs.pagecount 用于统计数据集的总页数，系统会根据记录集的记录总数和 **pagesize** 参数自动计算可以生成的页面总数。

rs. absolutepage 可以设置为数值，系统会根据当前的数值而定位到相对应的数据记录。

```
absolutepage 示例代码
rs. absolutepage=2
N=0          '已经显示记录的条数
Do while not rs.eof and n<rs.pagesize
response.Write(rs("name"))
  N=n+1
   rs.movenext
Loop
```

▍ 工作过程

步骤 1：新建文件

新建一个 ASP 文件，命名为 star03.asp，保存目录为网站根目录。界面设计视图如图 5.3.1 所示。

图 5.3.1 界面设计视图

用表格或 Div 布局，建立表格，其中图片的路径可以先用任意路径代替。最后的路径需要从数据库中获取。

步骤 2：建立数据连接

代码如图 5.3.2 所示。

```
11  <%
12      dim conn
13      set conn=server.createobject("adodb.connection")
14      mydata_path = "/db/2008.mdb"   '设置数据库的相对地址
15      connstr="provider=microsoft.jet.oledb.4.0;"
16      connstr=connstr&"data source="&server.mappath(mydata_path)
17      conn.connectionstring=connstr
18      conn.open
19  %>
```

图 5.3.2　建立数据连接

步骤 3：设置记录集与 SQL 语句

代码如图 5.3.3 所示。

```
46  <%
47      set rs=server.createobject("adodb.recordset")  '建立数据集
48      sql="select * from star"        '选择表中所有记录，所有列
49      rs.open sql,conn,1,1            '打开数据集
50  %>
```

图 5.3.3　记录集获取数据

步骤 4：编写循环显示当前页面记录的代码

代码如图 5.3.4 所示。

```
52  <ul class="products">
53  <%
54  if rs.eof then
55      response.Write "没有找到相关记录！"
56  else
57  %>
58          <% '设置分页的相关参数
59          rs.PageSize =2                  '每页记录条数
60          result_num=rs.RecordCount       '记录总数
61          maxpage=rs.PageCount            '获取总页数
62          page=request("page")            '获取从链接或者URL传递的页面数变量
63          if Not IsNumeric(page) or page="" then '处理非法的页面值
64              page=1
65          else
66              page=cint(page)
67          end if
68          if page<1 then                  '处理超越边界的页面值
69              page=1
70          elseif  page>maxpage then
71              page=maxpage
72          end if
73          rs.AbsolutePage=Page            '根据页面变量，设置当前的页数
74
75          recnum=0                        '初始化变量，用于记录当前显示记录条数
76          do while not rs.eof and recnum<rs.PageSize '用循环结构显示当前页面记录
77  %>
78          <li>                            <!--用表格或者层显示数据库中的记录-->
79              <a href="star_view.asp?id=<%=rs("id")%>" title="<%=rs("name")%>">
80              <img src="<%=rs("photo")%>" width="160" height="166" />
81              </a><br />
82              <a href="star_view.asp?id=<%=rs("id")%>" title="<%=rs("name")%>">
83              <%=left(rs("name"),40)%>
84              </a>
85          </li>
86          <%recnum=recnum+1
87          rs.movenext
88          loop
89  end if
90  %>
91  </ul>
```

图 5.3.4　循环显示当前页面记录

步骤 5：编写分页导航代码

代码如图 5.3.5 所示。

```
93   <%
94   '==========================================
95   '名称:LastNextPage
96   '作用:分页的调用
97   '==========================================
98   Sub LastNextPage(pagecount,page,resultcount)
99       Dim query, a, x, temp
100      action = "http://" & Request.ServerVariables("HTTP_HOST") & Request.ServerVariables("SCRIPT_NAME")
101      query = Split(Request.ServerVariables("QUERY_STRING"), "&")
102      For Each x In query
103          a = Split(x, "=")
104          If StrComp(a(0), "page", vbTextCompare) <> 0 Then
105              temp = temp & a(0) & "=" & a(1) & "&"
106          End If
107      Next
108
109      response.Write("<div><table cellspacing=0 cellpadding=0 border=0><TR><TD align=right>")
110
111      if page<=1 then
112          response.Write ("首 页 | ")
113          response.Write ("上页 | ")
114      else
115          response.Write("<b><A HREF=" & action & "?" & temp & "Page=1>首 页 </A> | </b>")
116          response.Write("<b><A HREF=" & action & "?" & temp & "Page=" & (Page-1) & ">上页</A> | </b>")
117      end if
118
119      if page>=pagecount then
120          response.Write ("下 页 | ")
121          response.Write ("尾 页 | ")
122      else
123          response.Write("<b><A HREF=" & action & "?" & temp & "Page=" & (Page+1) & ">下 页</A> | </b>")
124          response.Write("<b><A HREF=" & action & "?" & temp & "Page=" & pagecount & ">尾 页</A> |</b> ")
125      end if
126      response.Write(" 页次: " & page & "/" & pageCount & "页")
127      response.Write("</TD></TR></table></div>")
128  End Sub
129  %>
```

图 5.3.5　分页导航函数

步骤 6：调用页面导航子程序

代码如图 5.3.6 所示。

```
132    <% call LastNextPage(maxpage,page,result_num) %>
```

图 5.3.6　调用分页导航子程序

步骤 7：测试运行程序

在浏览器中预览此网页，最后显示效果如图 5.3.7 所示。

从图 5.3.7 中可以看到，当前页为第一个页面时，下面页面导航的"首页"和"上页"没有链接效果。这种效果的处理来源于图 5.3.5 中 111 行到 117 行的代码所产生的效果。

单击图 5.3.7 中页面导航的"下页"链接，效果如图 5.3.8 所示。

从图 5.3.8 中可以看到，当页面为第二页时，"首页"、"上页"、"下页"、"尾页"这 4 个链接均为有效链接。单击图 5.3.8 中的"尾页"链接，显示效果如图 5.3.9 所示。

从图 5.3.9 中可以看到，"下页"和"尾页"不会出现链接效果。

在实际编程过程中，"首页"、"上页"、"下页"、"尾页"这 4 个链接也可以用不同的图片来代替，或者加入 CSS 效果或 Java Script 代码，以显示更漂亮的效果。

图 5.3.7 页面 1 显示的效果

图 5.3.8 页面 2 显示的效果

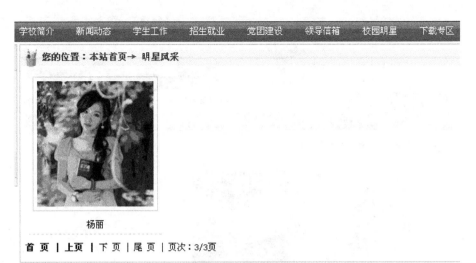

图 5.3.9　页面 3 显示的效果

知识扩展

知识点 1：Recordset 对象

Recordset 对象的创建

任何对象在使用之前，都需要进行创建，创建 Recordset 对象主要有两种。

（1）使用 Server.CreateObject 方法显式地创建 Recordset 对象实例，代码如下：

```
<%
Set rs=Server.CreateObject("ADODB.Rcordset")
Rrs.open"数据查询SQL语句","数据库ODBC中数据源名称"
…
%>
```

（2）使用 Connection.Execute 方法隐式地创建 Recordset 对象实例，代码如下：

```
<%
Set cn=Server.CreateObject(ADODB.Connection)
cn.open "dsn=q1;"
Abc = "insert into s(姓名) values('tx')"
Set rs=cn1.execute(abc)
%>
```

知识点 2：Recordset 对象的方法

1．打开、关闭和复制方法

（1）open 方法。此方法用于打开基本表、查询结果或以前保存的 Recordset 中记录的游标。语法格式如下：

```
Recordset.open [Source], [ActiveConnection], [Cursor Type], [LockType],
[option]
```

参数 Source：指定 Recordset 对象的数据源，可以是一个 Command 对象变量、SQL 语句、存储过程或完整的文件路径名。

参数 ActiveConnection：已经创建并打开的 Connection 对象或一个有效的数据源连接字

符串。

参数 Cursor Type：打开对象时使用的游标类型（静态、只许前移、动态、键集 4 种）。

参数 LockType：打开对象时使用的锁定方式。

参数 option：告诉提供者 Source 参数的内容是什么。

（2）close 方法。该方法用于关闭 Recordset 对象并释放相关资源。

（3）clone 方法。该方法用来创建一个 Recordset 对象的完全复制。

2．移动、刷新数据的方法

（1）MoveFirst 方法。该方法把 Recordset 中的记录指针移到第一条记录。

（2）MoveLast 方法。该方法把 Recordset 中的记录指针移到最后一条记录。

（3）MoveNext 方法。该方法把 Recordset 中的记录指针向后移动一位，但是当游标移动到 Recordset 最后时，调用此方法会产生错误。

（4）MovePrevious 方法。该方法把指针向前移动一位，在移动时需要注意不可超出 Recordset 的限制。

（5）Move 方法。该方法能够在记录集中向前或向后移动给定的记录个数。

3．编辑修改数据的方法

（1）AddNew 方法。用于在记录集中创建一个新纪录。

（2）Update 方法。该方法将 Recordset 对象中当前做的任何修改都保存在数据源中。

（3）NextRecordset 方法。该方法清除当前 Recordset 对象并通过提前执行命令序列返回下一个记录集。

4．Recordset 对象的常用属性

属 性	描 述
Source	指定 Recordset 对象的数据源，可以是一个 Command 对象变量、SQL 语句、数据库表或存储过程
ActiveConnection	指定与数据提供者的连接信息，用来指定当前的 Recordset 对象属于哪个 Connection 对象
CursorType	0—前滚游标，游标只能向前移动，执行效率高，是 Cursor 的默认值； 1—键盘游标，游标可向前或向后移动，Recordset 记录集同步反映自它创建后其他用户所做的修改和删除，但却不能同步反映自它创建后其他用户新增加的记录； 2—动态游标，游标可向前或向后移动，任何时候 Recordset 记录集都同步反映其他用户的任何操作； 3—静态游标，游标可向前或向后移动，自创建后无法同步反映其他用户所做的任何操作，它的功能简单但消耗资源少
LockType	表示编辑时记录的锁定类型。它决定了当不止一个用户试图同时改变一个记录时，Recordset 如何处理数据记录。 0—只读锁定，记录只读，不能更新，是 LockType 的默认值； 1—悲观锁定，编辑记录开始立刻锁定，直到提交给数据提供者； 2—乐观锁定，一次锁定一条记录，只有调用 Update 方法提交数据时才锁定记录； 3—乐观的批量更新，允许同时更新多条记录
Bof	判断记录指针是否到了第一条记录之前。 如果当前的记录位置在第一条记录之前，则返回 True，否则返回 False
Eof	判断记录指针是否到了最后一条记录之后。 如果当前记录的位置在最后的记录之后，则返回 True，否则返回 False
PageSize	表示 Recordset 对象的页面大小（每页多少条记录），默认值为 10
PageCount	表示 Recordset 对象的页面个数

续表

属　性	描　述
AbsolutePosition	设置或返回一个值，此值可指定 Recordset 对象中当前记录的顺序位置
AbsolutePage	设置或返回一个可指定 Recordset 对象中页码的值
Filter	用来设定一个过滤条件，以便对 Recordset 记录进行过滤
CacheSize	表示一个 Recordset 对象在高速缓存中的记录数
Maxrecords	执行一个 SQL 查询时，返回 Recordset 对象的最大记录数
RecordCount	返回 Recordset 对象的记录数
Bookmark	书签标记，用来保存当前记录的位置
EditMode	指示当前记录的编辑状态 0—已被编辑；1—已被修改而未提交；2—存入数据库的新记录

任务四　显示学生信息及成绩

任务描述

学校的网站保存了学生的基本信息，也保存了学生的成绩信息，但是两个信息保存在数据库的不同表中，网站的成绩网页中也需要同时显示两个表的信息。也就是说，在同一行中既显示学生的基本信息，如姓名、班级，也显示学生各科的成绩。要求网站管理员根据学校的要求，设计恰当的数据集，使学生的基本信息和成绩同时显示，只需要显示学号、姓名、班级、数学、语文、外语成绩。

任务要求

- 掌握多表查询的方法。

这种要求可以通过表连接实现，就是根据某种连接条件，分别从不同表中检索不同字段的信息，重新组合成需要显示的信息。例如，需要从 users（基本信息）表和 score（学生成绩）表中检索用户基本信息及各科成绩信息。

知识准备

在 asp 项目 5 目录下的“DB”目录中的 a.mdb 文件中保存学生的信息和学生的成绩信息。其中，学生表的名称为 users，学生成绩表的名称为 score。

users 数据表的结构及内容如图 5.4.1 所示。

users : 表

ID	姓名	班级	年龄	联系电话	家庭住址
1	李萍	青鸟1301	15	135XXXX9988	辽宁省沈阳市沈河区
2	赵念	中科1302	17	136XXXX6689	辽宁省沈阳市浑南区
3	付博	中科1301	16	130XXXX6623	辽宁省沈阳市大东区
4	王悦	电子1302	16	159XXXX3888	辽宁省沈阳市铁西区
5	王伟	建筑1302	15	138XXXX3457	辽宁省沈阳市和平区
(自动编号)					

记录: 1 共有记录数: 5

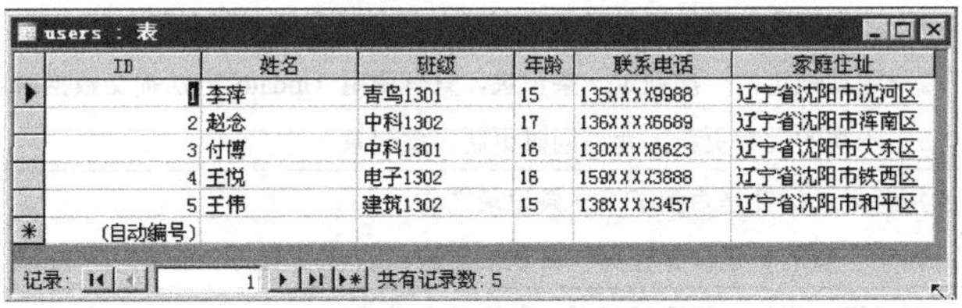

图 5.4.1　users 数据表

score 数据表的结构及内容如图 5.4.2 所示。

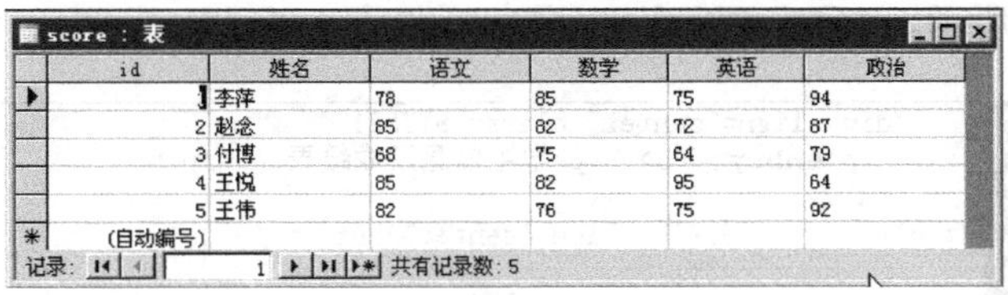

图 5.4.2 score 数据表

工作过程

步骤 1：建立文件

建立一个 ASP 文件，命名为 userScore.asp，保存到 asp 项目 5 文件夹下。利用 asp 项目 5 中 "image" 文件夹下的图片建立如图 5.4.3 所示的结构（也可以用一个空白的页面代替）。

图 5.4.3 学生成绩表设计视图

步骤 2：编写数据连接代码

代码如图 5.4.4 所示。

```
2  <%
3      set conn=server.createobject("adodb.connection")
4      mydata_path = "db/a.mdb"  '设置数据库的相对地址
5      connstr="provider=microsoft.jet.oledb.4.0;"
6      connstr=connstr&"data source="&server.mappath(mydata_path)
7      conn.connectionstring=connstr
8      conn.open
9  %>
```

图 5.4.4 数据连接代码

步骤 3：建立记录集，编写 SQL 连接语句

代码如图 5.4.5 所示。

```
10  |
11  <%
12      set rs=server.createobject("adodb.recordset")  '建立数据集
13      sql="select users.姓名,users.班级,users.年龄,score.语文,score.数学,score.英语 "
14      sql=sql&" from users,score where users.姓名=score.姓名"
15      rs.open sql,conn,1,1          '打开数据集
16  %>
```

图 5.4.5 记录集获取数据

步骤 4：为表格填写查询到的记录集数据

代码如图 5.4.6 所示。

```
72      <div align="center" class="STYLE1">
73        <p> </p>  <p>学生信息及成绩表    </p>
74      </div>
75    <table width="60%"  align="center" border=1>
76      <tr height=35>
77        <th align="Center">姓名</th>
78        <th align="Center">班级</th>
79        <th align="Center">语文</th>
80        <th align="Center">数学</th>
81        <th align="Center">英语</th>
82      </tr>
83  <%
84      do while (Not rs.eof)
85  %>
86      <tr>
87        <td align=center><%=rs("姓名")%></td>
88        <td align=center><%=rs("班级")%></td>
89        <td align=center><%=rs("语文")%></td>
90        <td align=center><%=rs("数学")%></td>
91        <td align=center><%=rs("英语")%></td>
92      </tr>
93  <%
94        rs.MoveNext
95        Loop
96  %>
97    </table>
```

图 5.4.6 显示记录集内容

步骤 5：关闭记录集和数据连接，释放记录集变量和数据连接变量
代码如图 5.4.7 所示。

```
98    |
99   <%
100      rs.close           '关闭记录集
101      Set rs = Nothing   '释放记录集变量
102      conn.Close         '关闭数据连接
103      Set cn=nothing     '释放数据连接变量
104   %>
```

图 5.4.7 关闭记录集和数据连接

步骤 6：运行并测试
程序运行结果如图 5.4.8 所示。

学生信息及成绩表

姓名	班级	语文	数学	英语
李泽	春岛1301	78	85	75
赵念	中科1302	65	82	72
付博	中科1301	68	75	64
王枫	电子1302	85	82	95
王伟	建筑1302	82	76	75

图 5.4.8 成绩表浏览效果

 **课后习题**

选择题

（1）能向页面引入操纵数据库记录集对象的是（　　　）。

    A．Server.CreateObject("ADODB.Command")

    B．Server.CreateObject("ADODB.Recordset")

    C．Server.CreateObject("ADODB.Connection")

    D．Server.CreateObject("Scripting.FileSystemObject")

（2）下列可以表示数据表的第一条记录的是（　　　）。

    A．EOF   B．FOF   C．BOF   D．ROF

（3）若要移动到表的最后一条记录，可以使用（　　）方法。

    A．Move   B．MoveNext   C．MoveFirst   D．MoveLast

（4）指定返回记录集每页的记录总数的是 Recordset 对象的(　　)属性。

    A．count   B．pagesize   C．pagecount   D．movenext

（5）在下列子句中，（　　　）不是 SELECT 语句的组成部分。

    A．FROM   B．WHERE   C．SET   D．GROUP

（6）在下列符号中，（　　　）不是比较运算符。

    A．>   B．<   C．><   D．<>

项目六 　用户信息管理

▌ 核心技术

- 后台数据库数据的添加
- 后台数据库数据的删除
- 后台数据库数据的修改
- 包含语句的使用

▌ 任务目标

- 任务一：添加注册用户
- 任务二：删除注册用户
- 任务三：修改用户信息

▌ 能力目标

- 熟练掌握通过后台编程实现数据的添加、更改和删除
- 熟练掌握包含语句在 ASP 中的应用
- 熟练掌握 SQL 在 ASP 中对数据库的访问

▌ 项目背景

　　学校的网站中根据需要设立了用户的注册功能，但在使用过程中发现有些用户的信息不够完整，或者有些信息需要修改，还有一些用户属于无效用户，需要删除。要求网站管理人员为网站后台添加对用户管理的功能和模块，以方便对用户的管理。其功能包括，用户的添加、用户的删除、用户部分信息的修改。

　　提示：数据库的操作

　　在网络编程中对数据库的操作基本可以概括为 4 种，分别是增、删、改、查。

　　增，即增加，为数据库增加记录，相当于网站中的注册功能。

　　删，即删除记录，如无效用户的删除。

　　改，即修改记录，一般以用户的 ID 为查询条件，查询到该用户的信息再对个别内容进行修改更新。

　　查，即查询信息，网站中显示数据库中的信息，如用户的资料，新闻的内容等。

▌ 项目分析

　　对数据库的增、删、改、查 4 种操作分别对应 SQL 中的 INSERT 语句、DELETE 语句、UPDATE 语句和 SELECT 语句。本项目主要是对 SQL 的这四种语句的深入掌握。虽然 SQL 的语法简单易学，但功能很强大。在掌握这 4 种操作时尤其需要注意语句使用过程中条件的恰当构造。需要区分数值表达式及文本表达式在 SQL 中的不同表达方式。

项目目标

通过本项目的学习，熟练掌握 SQL 的基本语法结构，能够熟练运用 INSERT 语句、DELETE 语句、UPDATE 语句、SELECT 语句。能够完成常见条件表达式的构造。

任务一 添加注册用户

任务描述

为提高学校网站的使用效率并增强信息的安全性，需要识别网站上访问用户的身份，从而方便提供各种人性化的服务。因此，需要为网站增加一个用户注册的功能。请网站管理员设计一个符合网站风格的、可以收集用户主要信息的页面，并把注册的信息保存到数据库中。

任务要求

- 能够读取数据库中的数据。
- 能够提交数据并向数据库中写入数据。

知识准备

知识点：数据记录的添加

INSERT INTO 语句用于向表格中插入新的行。

语法结构：

```
INSERT INTO 表名称 VALUES (值1, 值2, …)
```

也可以指定所要插入数据的列：

```
INSERT INTO table_name (列1, 列2, …) VALUES (值1, 值2, …)
```

"Persons" 表：

ID	姓名	联系电话	住址
1	李明	130××××9999	北京
2	张宁	138××××5555	上海
3	赵阳	159××××3333	广州

插入新的行的 SQL 语句：

```
INSERT INTO Persons (姓名,联系电话,住址) VALUES ('张影', '130××××2585', '沈阳')
```

结果：

ID	姓名	联系电话	住址
1	李明	130××××9999	北京
2	张宁	138××××5555	上海
3	赵阳	159××××3333	广州
4	张影	130××××2585	沈阳

▌▌工作过程

步骤 1：建立表单并设置表单元素属性

打开"asp 项目 6\zhuce_b.html"，另存为 zhuce_c.html，保存的位置为"asp 项目 6"。也可以新建 zhuce_c.html 文件，如图 6.1.1 所示。

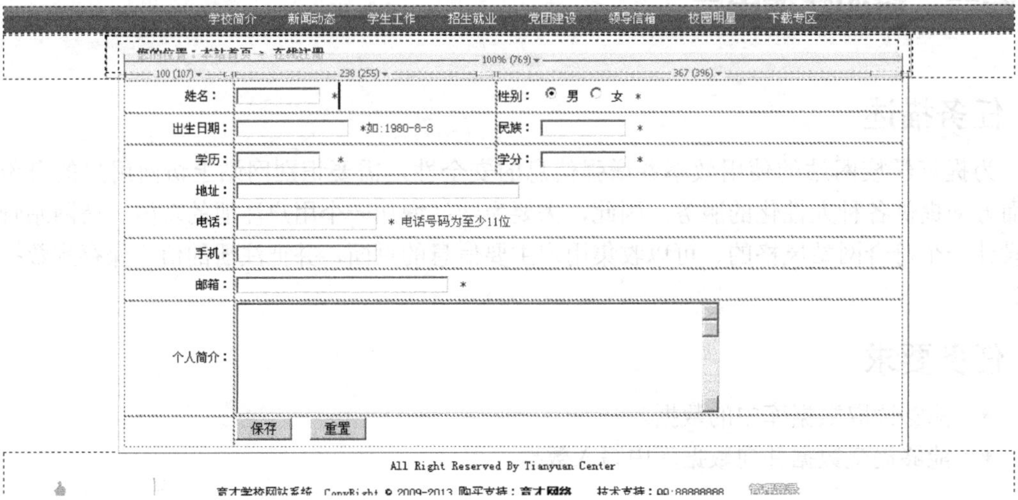

图 6.1.1　用户注册界面

表单中各元素的 name 属性如下。

元素标记	name 属性	备注
姓名	RegName	字符宽度为 12，最多 20 字符
性别	sex	选定值分别为男、女
出生日期	Birth	字符宽度为 16，最多 50 字符
民族	National	字符宽度为 12，最多 20 字符
学历	Education	可以更改为下拉列表框的形式
学分	Credit	字符宽度为 12，最多 20 字符
地址	Addr	字符宽度为 40，最多 100 字符
电话	Telephone	字符宽度为 20，最多 50 字符
手机	Mobile	字符宽度为 20，最多 50 字符
邮箱	Email	字符宽度为 30，最多 50 字符
个人简介	Remark	字符宽度为 66，多行，行数为 8

提示：对表单中元素的限定尽量在前台进行。在前台进行限定可以保证与用户更好的交互性，更快的响应速度，更少的错误发生概率，也可以保证后台编程能够更顺利地进行。

例如，使用 Spry 技术进行限制，可参考电子工业出版社出版的《Dreamweaver 网页制作基础教程》，或者其他相关的网站前台设计类书籍。

设定表单的属性，如图 6.1.2 所示。

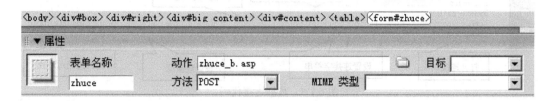

图 6.1.2 表单属性

步骤 2：接收表单数据并将其保存在数据库中

新建一个 ASP 文件，保存为 zhuce_c.asp。切换到代码窗口，清除所有自动产生的代码。加入获取表单元素的代码，如图 6.1.3 所示。

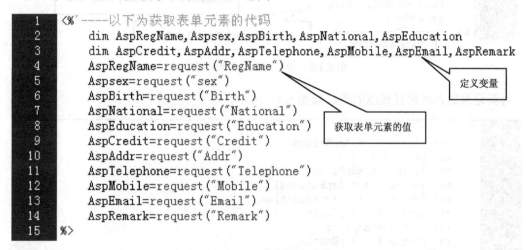

图 6.1.3 接收注册信息代码

添加后台数据验证的代码，如图 6.1.4 所示。

图 6.1.4 设置提示信息

提示：可以添加更多的验证代码，包括数据是否为空，数据中字符个数的要求，数值大小的要求等，如出生日期、民族、学历、学分、电话、邮箱的验证代码。

添加数据库连接代码，如图 6.1.5 所示。

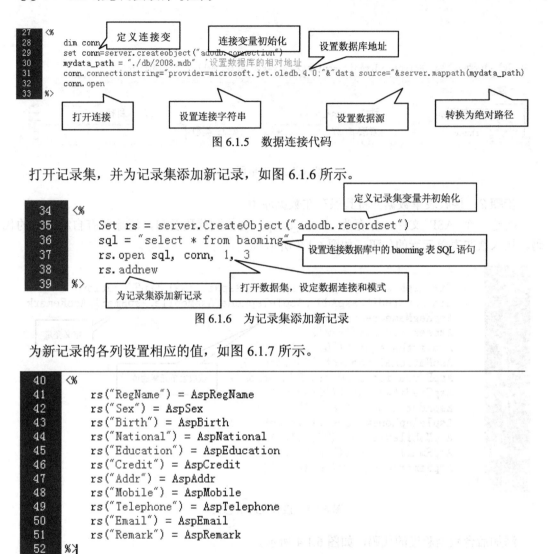

图 6.1.5　数据连接代码

打开记录集，并为记录集添加新记录，如图 6.1.6 所示。

```
34    <%
35    Set rs = server.CreateObject("adodb.recordset")
36    sql = "select * from baoming"
37    rs.open sql, conn, 1, 3
38    rs.addnew
39    %>
```

定义记录集变量并初始化

设置连接数据库中的 baoming 表 SQL 语句

为记录集添加新记录

打开数据集，设定数据连接和模式

图 6.1.6　为记录集添加新记录

为新记录的各列设置相应的值，如图 6.1.7 所示。

```
40    <%
41        rs("RegName") = AspRegName
42        rs("Sex") = AspSex
43        rs("Birth") = AspBirth
44        rs("National") = AspNational
45        rs("Education") = AspEducation
46        rs("Credit") = AspCredit
47        rs("Addr") = AspAddr
48        rs("Mobile") = AspMobile
49        rs("Telephone") = AspTelephone
50        rs("Email") = AspEmail
51        rs("Remark") = AspRemark
52    %>
```

图 6.1.7　设置新记录数据

更新记录集并关闭记录集和数据连接，如图 6.1.8 所示。

```
53    '<%'更新记录集及关闭数据连接
54        rs.update          '更新记录集
55        rs.Close           '关闭记录集
56        Set rs = Nothing   '释放记录集变量
57        conn.Close         '关闭数据连接
58        Set conn = Nothing '释放数据连接变量
59        response.Write "<script language=javascript>alert('添加成功！');</script>"
60    %>
```

添加提示性语句

图 6.1.8　更新记录集并关闭记录集和数据连接

提示：记录集

关闭记录集，表示当前的记录集为关闭状态，但记录集变量并没有消失，在需要使用记录集时可以再次打开。而释放记录集变量，表示这个变量已经从内存中清除，不能再次使用，除非再次声明此变量并初始化变量。

记录集和数据连接在退出这个程序之前需要提前关闭，否则由于访问用户过多，将会导致未关闭的连接过多，加重服务器的负担，使数据响应变慢。严重的将会导致连接数量超过用户限制的最大数量，从而使很多用户无法浏览网站，甚至后台管理人员也无法对网站进行维护。

步骤 3：测试程序

在浏览器中查看“asp 项目 6\zhuce_c.html”，并填写有效数据，如图 6.1.9 所示。

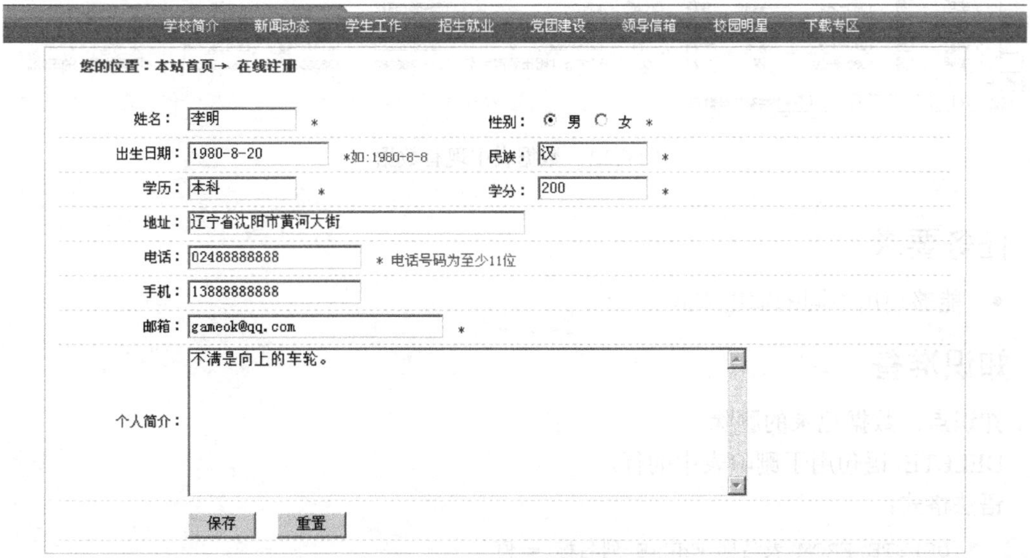
学校简介　新闻动态　学生工作　招生就业　党团建设　领导信箱　校园明星　下载专区
您的位置：本站首页→ 在线注册
姓名：李明 *
性别：男 女 *
出生日期：1980-8-20 *如:1980-8-8
民族：汉 *
学历：本科 *
学分：200 *
地址：辽宁省沈阳市黄河大街
电话：02488888888 * 电话号码为至少11位
手机：13888888888
邮箱：gameok@qq.com *
个人简介：不满是向上的车轮。
保存
重置

图 6.1.9　注册界面

单击“保存”按钮，出现添加成功的提示，如图 6.1.10 所示。

Microsoft Internet Explorer
添加成功!
确定

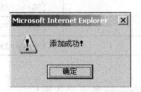

图 6.1.10　添加成功提示

打开“asp 项目 6\db\2008.mdb”数据库，在 baoming 表的最下面一行可以看到刚刚添加的数据，如图 6.1.11 所示。

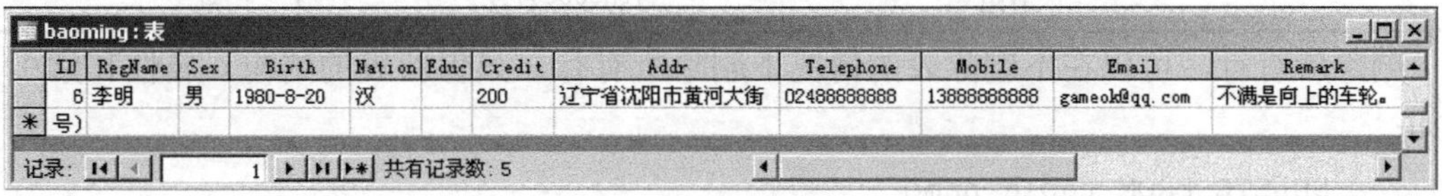
baoming : 表
ID RegName Sex Birth Nation Educ Credit Addr Telephone Mobile Email Remark
6 李明 男 1980-8-20 汉 200 辽宁省沈阳市黄河大街 02488888888 13888888888 gameok@qq.com 不满是向上的车轮。
号)
记录: 1 共有记录数: 5

图 6.1.11　添加到数据表中的数据

任务二　删除注册用户

任务描述

删除数据库中的一条记录。数据表中现有数据如图 6.2.1 所示。

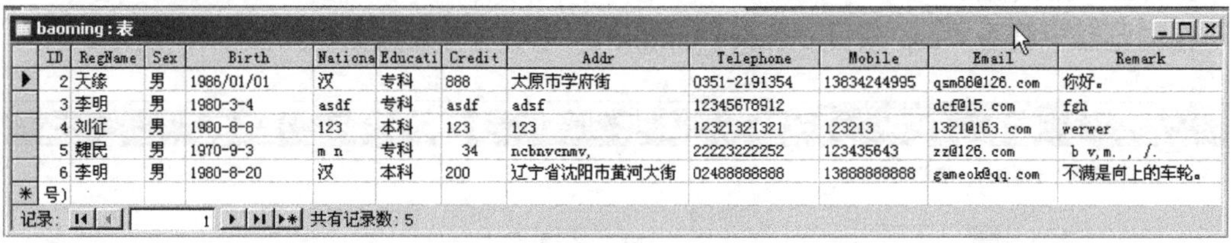

图 6.2.1　数据表中现有数据

任务要求

- 能够使用不同的输出方式。

知识准备

知识点：数据记录的删除

DELETE 语句用于删除表中的行。

语法格式：

```
DELETE FROM 表名称 WHERE 列名称 = 值
```

Person:

ID	姓名	联系电话	住址
1	李明	130××××9999	北京
2	张宁	138××××5555	上海
3	赵阳	159××××3333	广州
4	张影	130××××2585	沈阳

删除某行的语句：

```
DELETE FROM Person WHERE 姓名 = '张影'
```

结果：

ID	姓名	联系电话	住址
1	李明	130××××9999	北京
2	张宁	138××××5555	上海
3	赵阳	159××××3333	广州

删除所有行，可以在不删除表的情况下删除所有行，只保留表的结构、属性和索引。

例如：

```
DELETE FROM table_name
```

或者：

```
DELETE * FROM table_name
```

一般情况下，不加限定条件的删除命令是非常危险的，会删除表中的所有记录，因此要慎用没有条件限制的删除语句。

工作过程

步骤 1：显示注册用户

打开"asp 项目 6\stu_list.asp"文件，另存为 stu_list2.asp，保存的位置为"asp 项目 6"。也可以新建一个结构相同的文件，如图 6.2.2 所示。

图 6.2.2　素材显示效果

在用户列表下添加一个表格，如图 6.2.3 所示。

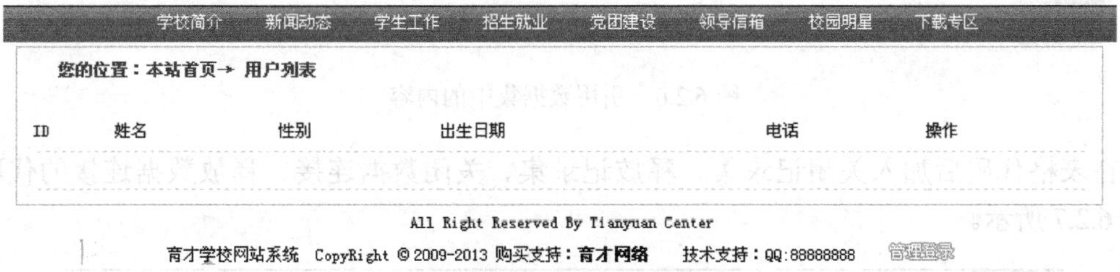

| 学校简介 | 新闻动态 | 学生工作 | 招生就业 | 党团建设 | 领导信箱 | 校园明星 | 下载专区 |

您的位置：本站首页→ 用户列表

ID	姓名	性别	出生日期		电话	操作

All Right Reserved By Tianyuan Center

育才学校网站系统　CopyRight © 2009-2013 购买支持：**育才网络**　技术支持：QQ:88888888　管理登录

图 6.2.3　添加表格

切换到代码页面，在表格前面加入数据库连接的代码，如图 6.2.4 所示。

```
44  <%'建立数据连接的代码
45      dim conn
46      set conn=server.createobject("adodb.connection")
47      mydata_path = "./db/2008.mdb"    '设置数据库的相对地址
48      conn.connectionstring="provider=microsoft.jet.oledb.4.0;"&"data source="&server.mappath(mydata_path)
49      conn.open
50  %>
```

图 6.2.4　数据库连接代码

提示：包含

像上面这种在很多页面都会用到的内容相对固定的代码，可以单独编写在一个文件中，在使用的时候，用#include 命令引用，这样就不用在每个页面都重新写一次。不仅可以降低编码错误的概率，同时也给代码维护带来了方便。

加入数据集打开的代码。并构造显示数据集的语句，如图 6.2.5 所示。

```
51  <%'打开数据集的代码
52      Set rs = server.CreateObject("adodb.recordset")
53      sql = "select * from baoming"
54      rs.open sql, conn, 1, 3
55  %>
56      <table width="100%" border="0" cellspacing="0" cellpadding="0">
```

图 6.2.5　打开数据集

在表格中引用数据集中的内容，如图 6.2.6 所示。

```
56      <table width="100%" border="0" cellspacing="0" cellpadding="0">
57        <tr>
58          <td>ID</td>
59          <td>姓名 </td>
60          <td>性别 </td>
61          <td>出生日期</td>
62          <td>电话</td>
63          <td>操作</td>
64        </tr>
65        <tr>
66          <td><%=rs("ID")%></td>
67          <td><%=rs("RegName")%></td>
68          <td><%=rs("Sex")%></td>
69          <td><%=rs("birth")%></td>
70          <td><%=rs("telephone")%></td>
71          <td></td>
72        </tr>
73      </table>
```

图 6.2.6　引用数据集中的内容

在表格代码后加入关闭记录集、释放记录集、关闭数据连接、释放数据连接的代码，如图 6.2.7 所示。

```
74  <%
75      rs.Close
76      Set rs = Nothing
77      conn.Close
78      Set rs = Nothing
79  %>
```

图 6.2.7　关闭记录集和数据连接并将它们释放

在浏览器中查看运行的结果，如图 6.2.8 所示。

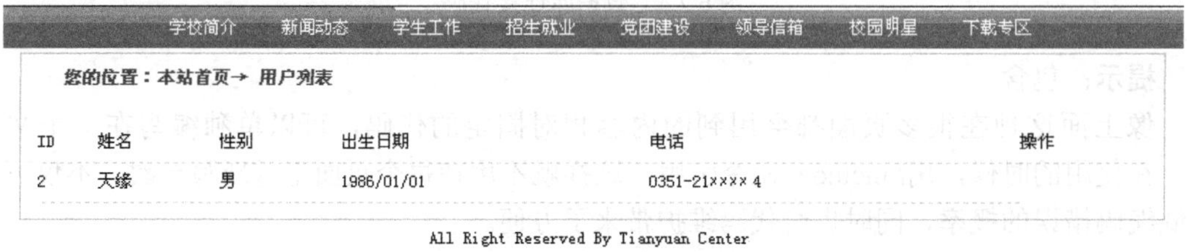

| 学校简介 | 新闻动态 | 学生工作 | 招生就业 | 党团建设 | 领导信箱 | 校园明星 | 下载专区 |

您的位置：本站首页→ 用户列表

ID	姓名	性别	出生日期	电话	操作
2	天缘	男	1986/01/01	0351-21××××4	

图 6.2.8　运行的结果

步骤 2: 添加删除的链接

切换到设计视图,在"操作"的下面制作一个链接,文字内容为"删除",链接目标为"stuDelete.asp",如图 6.2.9 所示。

图 6.2.9 添加链接

步骤 3: 建立删除用户代码

新建一个 ASP 页面,保存为 stuDelete.asp,保存在"asp 项目 6"文件夹下。切换到代码视图,删除页面中自动产生的代码。

加入数据连接代码,如图 6.2.10 所示。

```
1  <%'建立数据连接的代码
2      dim conn
3      set conn=server.createobject("adodb.connection")
4      mydata_path = "./db/2008.mdb"  '设置数据库的相对地址
5      conn.connectionstring="provider=microsoft.jet.oledb.4.0;"&"data source="&server.mappath(mydata_path)
6      conn.open
7  %>
```

图 6.2.10 数据连接代码

建立数据集的代码,并删除记录集的记录,如图 6.2.11 所示。

```
9   <%'建立数据集的代码
10      set rs=server.createobject("adodb.recordset")
11      id=request.QueryString("id")
12      sql="select * from baoming where id="&id
13      rs.open sql,conn,2,3
14      rs.delete
15      rs.update
16      response.Write "<script>alert('删除成功!');"
17  %>
```

图 6.2.11 删除记录集的记录

加入关闭记录集、数据连接、释放变量的代码,如图 6.2.12 所示。

```
19  <%'关闭记录集和数据连接,释放变量
20      rs.Close
21      Set rs = Nothing
22      conn.Close
23      Set rs = Nothing
24  %>
```

图 6.2.12 关闭记录集和数据连接并释放变量

提示：

关闭记录集和数据连接的代码需要放置到 HTML 文件的末尾。

网页中显示数据的表格需要满足两个条件，一个条件是放置在\<body>与\</body>标签之间。另一个条件是需要放置在打开记录集和关闭记录集之间的位置，即图 6.2.11 和图 6.2.12 两段代码之间的位置。

步骤 4：修改删除记录的链接

打开 "asp 项目 6\stu_list2.asp"，选择 "操作" 下面的 "删除" 链接，切换到如图 6.2.13 所示的视图。

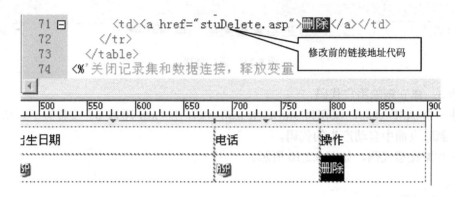

图 6.2.13　修改链接地址代码

修改链接地址为加入当前记录 ID 的地址。修改后的代码如图 6.2.14 所示。

```
57          <tr>
58            <td>ID</td>
59            <td>姓名 </td>
60            <td>性别 </td>
61            <td>出生日期</td>
62            <td>电话</td>
63            <td>操作</td>
64          </tr>
65          <tr>
66            <td><%=rs("ID")%></td>
67            <td><%=rs("RegName")%></td>
68            <td><%=rs("Sex")%></td>
69            <td><%=rs("birth")%></td>
70            <td><%=rs("telephone")%></td>
71            <td><a href="stuDelete.asp?id=<%=rs("ID")%>">删除</a></td>
72          </tr>
```

修改后的链接地址代码

图 6.2.14　修改后的链接地址代码

提示：

stuDelete.asp 为数据需要提交的网页地址。

? 为网页地址与后面参数的分隔符

ID=中的 ID 代表传递的参数名称，也是后台网页接收时的依据。

rs("ID")是从当前数据库中读取的当前记录的 ID 值。

<%=%>表示把 ASP 中的变量内容转化为 HTML 能够识别的值，并输出到当前页面。

在数据库中，有些数据会重复，如姓名，因而不能作为参数传递的依据，否则会导致数据不唯一，引起误操作。在传递参数时，往往会选择一条数据记录中具有唯一标志的字段作为传递的参数，如每条记录的 ID 值。

在浏览器中查看删除链接后的显示效果，如图 6.2.15 所示。

图 6.2.15 删除链接后的显示效果

单击图中的"删除"，最后提示删除成功，如图 6.2.16 所示。

图 6.2.16 删除成功后的提示信息

步骤 5：增加用户列表

为图 6.2.15 中的记录增加循环功能，显示所用用户的列表，代码如图 6.2.17 所示。

```
65        <%do while not rs.eof%>
66        <tr>
67          <td><%=rs("ID")%></td>
68          <td><%=rs("RegName")%></td>
69          <td><%=rs("Sex")%></td>
70          <td><%=rs("birth")%></td>
71          <td><%=rs("telephone")%></td>
72          <td><a href="stuDelete.asp?id=<%=rs("ID")%>">删除</a></td>
73        </tr>
74        <%rs.movenext
75        loop
76        %>
```

图 6.2.17 显示数据库中多条记录

最后的显示效果如图 6.2.18 所示。

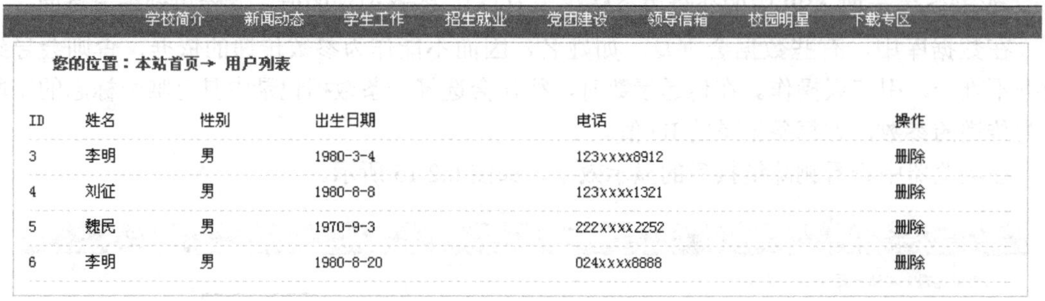

图 6.2.18　记录集显示效果

单击任意删除链接即可删除对应的记录。

知识扩展

GET 与 POST 的区别

在 Form 里，可以使用 POST 也可以使用 GET。GET 是从服务器上获取数据，POST 是向服务器传送数据，它们都是 method 的合法取值。但是，在实际应用过程中，两者还是有区别的，需要根据实际情况灵活使用这两种方式。

POST 通过 HTTP POST 机制，将表单内各个字段与其内容放置在 HTML HEADER 中一起传送到 ACTION 属性所指的 URL 地址，用户看不到这个过程。

1．使用的方式

GET 方式的提交，需要用 request.QueryString 来取得变量的值；而 POST 方式提交时，必须通过 request.Form 来访问提交的内容。一般在提交的变量中没有重复的变量名时，也可以统一使用 request("变量名")的方式来接收变量。

2．数据长度

POST 请求无长度限制（至少在理论上是这样的），GET 有长度限制，最长不超过 2048 字节（1024 个汉字）。一般在使用过程中，一些小的变量可以通过 GET 传递，但一些数据比较大的变量或敏感信息，如用户的账号、密码、个人简介信息，或者文章的内容，则需要使用 POST 来传递。但一个表单只能使用一种传递方式，因此在实际应用过程中，POST 传递方式使用得会更多一些。

3．安全性

GET 方式通过 URL 请求来传递用户的输入。GET 把参数数据队列加到提交表单的 ACTION 属性所指的 URL 中，值和表单内各个字段一一对应，在 URL 中可以看到。在 GET 提交时，提交的变量名称和变量值会直接在用户的 URL 中显示出来，因而会增加服务器被非法攻击的风险。POST 方法不通过 URL，直接在数据包中传送，相对比较安全。

4．局限性

虽然 POST 方式相对比较安全，但并不是所有场合都可以使用 POST 方式的。例如，在制作超级链接时，只能使用 GET 方式构造超级链接。单击链接的时候，就是使用 GET 方式进行参数传递的过程。

一般的用 IIS 过滤器的只接受 GET 参数，一般的搜索引擎在使用时，在 URL 后面都是一长串的内容，因此这种情况下只能用 GET。

任务三 修改用户信息

任务描述

修改指定用户的信息。

任务要求

- 从数据库中查询指定信息。
- 利用 HTML 页面修改从数据库中查询的信息。

知识准备

知识点：数据记录的更新

UPDATE 语句用于修改表中的数据。

语法格式：

```
UPDATE 表名称 SET 列名称 = 新值 WHERE 列名称 = 某值
```

Persons:

ID	姓名	联系电话	住址
1	李明	130××××9999	北京
2	张宁	138××××5555	上海
3	赵阳	159××××3333	广州

更新某一行中的一个列，如将姓名是赵阳的人的住址由"广州"改为"大连"，代码如下：

```
UPDATE Persons SET 住址 = '大连' WHERE 姓名 = '赵阳'
```

结果：

ID	姓名	联系电话	住址
1	李明	130××××9999	北京
2	张宁	138××××5555	上海
3	赵阳	159××××3333	大连

则姓名为赵阳的住址将由"广州"改为"大连"。

也可以更新某一行中的若干列，如同时修改联系电话和住址：

```
UPDATE Persons SET 联系电话 = '138××××6688', 住址 = '南京' WHERE ID = '2'
```

结果：

ID	姓名	联系电话	住址
1	李明	130××××9999	北京
2	张宁	138××××6688	南京
3	赵阳	159××××3333	大连

则 ID 为 2 的记录的联系电话及住址会被更改。

工作过程

步骤 1：显示注册用户

打开任务二中制作的"asp 项目 6\stu_list2.asp"，另存为 stu_list_M.asp，保存的位置为"asp 项目 6"。也可以新建一个功能相同的文件，如图 6.3.1 所示。

| | 学校简介 | 新闻动态 | 学生工作 | 招生就业 | 党团建设 | 领导信箱 | 校园明星 | 下载专区 |

您的位置：本站首页→ 用户列表

ID	姓名	性别	出生日期	电话	操作
3	李明	男	1980-3-4	12345678912	删除
4	刘征	男	1980-8-8	12321321321	删除
5	魏民	男	1970-9-3	22223222252	删除
6	李明	男	1980-8-20	02488888888	删除

图 6.3.1　显示用户列表

代码如图 6.3.2 所示。

```
43  <div id="content">
44  <%'建立数据连接的代码
45      dim conn
46      set conn=server.createobject("adodb.connection")
47      mydata_path = "./db/2008.mdb"  '设置数据库的相对地址
48      conn.connectionstring="provider=microsoft.jet.oledb.4.0;"&"data source="&server.mappath(mydata_path)
49      conn.open
50  %>
51  <%'打开数据集的代码
52      Set rs = server.CreateObject("adodb.recordset")
53      sql = "select * from baoming"
54      rs.Open sql, conn, 1, 3
55  %>
56    <table width="100%" border="0" cellspacing="0" cellpadding="0">
57      <tr>
58        <td>ID</td>
59        <td>姓名 </td>
60        <td>性别 </td>
61        <td>出生日期</td>
62        <td>电话</td>
63        <td>操作</td>
64      </tr>
65      <%do while not rs.eof%>
66      <tr>
67        <td><%=rs("ID")%></td>
68        <td><%=rs("RegName")%></td>
69        <td><%=rs("Sex")%></td>
70        <td><%=rs("birth")%></td>
71        <td><%=rs("telephone")%></td>
72        <td><a href="stuDelete.asp?id=<%=rs("ID")%>">删除</a></td>
73      </tr>
74      <%rs.movenext
75      loop
76      %>
77    </table>
78  <%'关闭记录集和数据连接，释放变量
79      rs.Close
80      Set rs = Nothing
81      conn.Close
82      Set rs = Nothing
83  %>
84  </div>
```

图 6.3.2　用户列表完整代码

步骤 2：添加修改链接

切换到设计视图，在"删除"链接右侧制作另一个新的文字链接，链接的名称为"修改"，链接目标为"#"，如图 6.3.3 所示。

ID	姓名	性别	出生日期	电话	操作
					删除 修改

图 6.3.3 添加"修改"链接

选择"修改"链接，切换到代码视图，替换"修改"链接的链接地址，如图 6.3.4 所示。

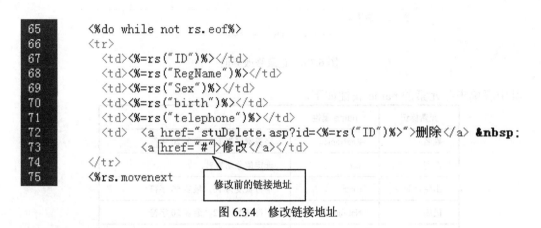

图 6.3.4 修改链接地址

修改后的链接地址如图 6.3.5 所示。

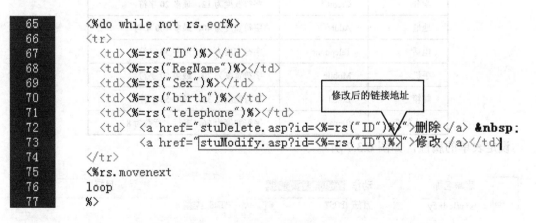

图 6.3.5 修改后的链接地址

步骤 3：制作修改页面

制作 stuModify.asp，保存的位置为"asp 项目 6"，如图 6.3.6 所示。

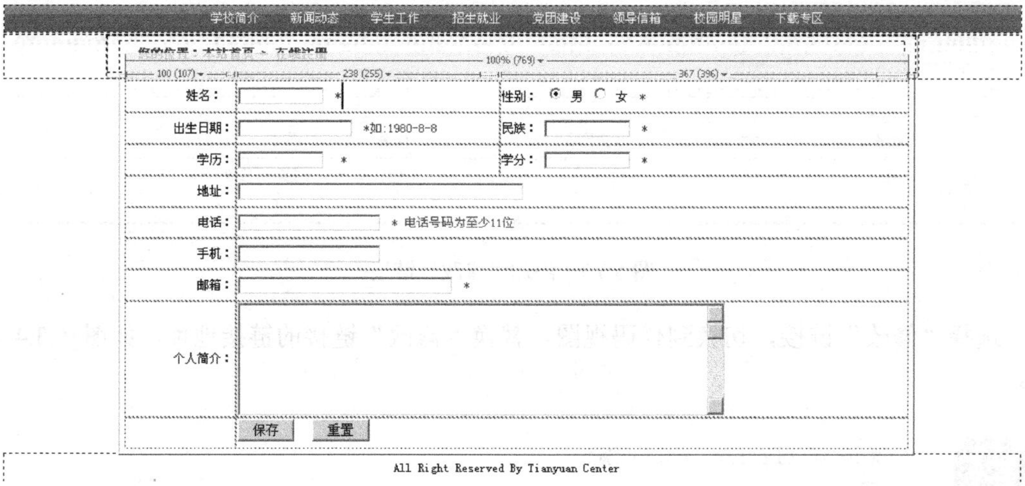

图 6.3.6　记录修改界面

其中表单中各元素的 name 属性如下。

元素标记	name 属性	备　　注
姓名	RegName	字符宽度为 12，最多 20 字符
性别	sex	选定值分别为男、女
出生日期	Birth	字符宽度为 16，最多 50 字符
民族	National	字符宽度为 12，最多 20 字符
学历	Education	可以更改为下拉列表框的形式
学分	Credit	字符宽度为 12，最多 20 字符
地址	Addr	字符宽度为 40，最多 100 字符
电话	Telephone	字符宽度为 20，最多 50 字符
手机	Mobile	字符宽度为 20，最多 50 字符
邮箱	Email	字符宽度为 30，最多 50 字符
个人简介	Remark	字符宽度为 66，多行，行数为 8

设定表单的属性，如图 6.3.7 所示。

图 6.3.7　设定表单的属性

提示：制作 stuModify.asp 时，可以新建一个新的 ASP 页面，然后借用 zhuce_b.html 中的布局代码和表单代码。

步骤 4：加入数据获取代码

切换到代码页面，在表格前面加入数据连接代码，如图 6.3.8 所示。

```
34    <%'建立数据连接的代码
35        dim conn
36        set conn=server.createobject("adodb.connection")
37        mydata_path = "./db/2008.mdb"   '设置数据库的相对地址
38        conn.connectionstring="provider=microsoft.jet.oledb.4.0;"&"data source="&server.mappath(mydata_path)
39        conn.open
40    %>
```

图 6.3.8　数据连接代码

加入获取上一个页面传递过来的 ID 参数的代码，如图 6.3.9 所示。

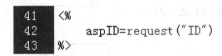

```
41    <%
42        aspID=request("ID")
43    %>
```

图 6.3.9　获取上一个页面传递过来的 ID 参数

建立打开数据集的代码，如图 6.3.10 所示。

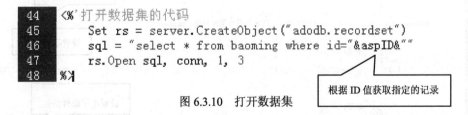

```
44    <%'打开数据集的代码
45        Set rs = server.CreateObject("adodb.recordset")
46        sql = "select * from baoming where id="&aspID&""
47        rs.Open sql, conn, 1, 3
48    %>
```

> 根据 ID 值获取指定的记录

图 6.3.10　打开数据集

步骤 5：为表单元素赋初值

数据表中的记录如图 6.3.11 所示。

ID	RegName	Sex	Birth	Nationa	Educati	Credit	Addr	Telephone	Mobile	Email	Remark
3	李明	男	1980-3-4	asdf	专科	asdf	adsf	12345678912		dcf@15.com	fgh
4	刘征	男	1980-8-8	123	本科	123	123	12321321321	123213	1321@163.com	werwer
5	魏民	男	1970-9-3	m n	专科	34	ncbnvcnmv,	22223222252	123435643	zz@126.com	b v,m. , /.
7	田明	男	1980-9-9	汉	大学	200	辽宁省	13888888888		gameok@qq.com	个人简介
*号)											

图 6.3.11　数据表中的记录

表单的代码如图 6.3.12 至图 6.3.14 所示。

> 设置姓名的值

> 设置性别男的选择状态

> 设置性别女的选择状态

```
78    <table width="100%" border="0" align="center" cellpadding="1" cellspacing="0">
79    <form action="stuModify_b.asp" method="post" name="stuModify" id="stuModify" >
80      <tr>
81        <td width="100" align="right">姓名：</td>
82        <td width="238">
83        <input name="RegName" type="text" class="input1" id="RegName" size="12" maxlength="20" value=<%=rs("RegName")%> />
84         <font color="#CC0000">*</font></td>
85        <td width="367" >性别：
86        <%
87        if rs("sex")="男" then
88            nanCheck="checked='checked'"
89            nvCheck=""
90        else
91            nanCheck=""
92            nvCheck="checked='checked'"
93        end if
94        %>
95        <input name="sex" type="radio" value="男" <%=nanCheck%>/>    男
96        <input type="radio" name="sex" value="女" <%=nvCheck%>/>    女
97         <font color="#CC0000">*</font></td>
98      </tr>
```

图 6.3.12　设置表单元素数据（1）

```
99    <tr>
100       <td align="right">出生日期: </td>
101       <td><input name="Birth" type="text" class="input1" id="Birth" size="16" maxlength="50" value="<%=rs("Birth")%>" />
102        <font color="#CC0000">如:1980-8-8</font></td>
103       <td>民族:
104          <input name="National" type="text" class="input1" id="National" size="12" maxlength="20" value="<%=rs("National")%>" />
105         <font color="#CC0000">*</font></td>
106    </tr>
107    <tr>
108       <td align="right">学历: </td>
109       <td><input name="Education" type="text" class="input1" id="Education" size="12" maxlength="50" value="<%=rs("Education")%>" />
110         <font color="#CC0000">*</font></td>
111       <td>学分:
112          <input name="Credit" type="text" class="input1" id="Credit" size="12" maxlength="20" value="<%=rs("Credit")%>" />
113        <font color="#CC0000">*</font></td>
114    </tr>
```

设置出生日期的值

设置民族的值

设置学历的值

设置学分的值

图 6.3.13　设置表单元素数据（2）

```
117    <tr>
118       <td align="right">地址: </td>
119       <td colspan="2">
120 <input name="Addr" type="text" class="input1" id="Addr" size="40" maxlength="100" value="<%=rs("Addr")%>" />
121       </td>
122    </tr>
123    <tr>
124       <td align="right">电话: </td>
125       <td colspan="2">
126 <input name="Telephone" type="text" class="input1" size="20" maxlength="50" value="<%=rs("Telephone")%>" />
127           <span style="color: #FF0000">* 电话号码为至少11位</span></td>
128    </tr>
129    <tr>
130       <td align="right">手机: </td>
131       <td colspan="2">
132 <input name="Mobile" type="text" class="input1" id="Mobile" size="20" maxlength="50" value="<%=rs("Mobile")%>" />
133 </td>
134    </tr>
135    <tr>
136       <td align="right">邮箱: </td>
137       <td colspan="2">
138 <input name="Email" type="text" class="input1" id="Email" size="30" maxlength="50" value="<%=rs("Email")%>" />
139           <font color="#CC0000">*</font></td>
140    </tr>
141    <tr>
142       <td align="right">个人简介: </td>
143       <td colspan="2">
144 <textarea name="Remark" cols="66" rows="8" class="input1" id="Remark"> <%=rs("Birth")%> </textarea></td>
145    </tr>
```

设置地址的值

设置电话的值

设置手机的值

设置电子邮件的值

设置个人简介的值

图 6.3.14　设置表单元素数据（3）

为表单添加隐藏域，如图 6.3.15 所示。

添加的隐藏域

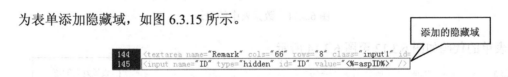

```
144    <textarea name="Remark" cols="66" rows="8" class="input1" id=
145    <input name="ID" type="hidden" id="ID" value="<%=aspID%>" />
```

图 6.3.15　为表单添加隐藏域

步骤 6：阶段测试

在浏览器预览"asp 项目 6\stu_list_M.asp"，网页显示效果如图 6.3.16 所示。

	学校简介	新闻动态	学生工作	招生就业	党团建设	领导信箱	校园明星	下载专区

您的位置：本站首页→ 用户列表

ID	姓名	性别	出生日期	电话	操作	
3	李明	男	1980-3-4	123xxxx8912	删除	修改
4	刘征	男	1980-8-8	123xxxx1321	删除	修改
5	魏民	男	1970-9-3	222xxxx2252	删除	修改
7	田明	女	1980-9-9	138xxxx8888	删除	修改

图 6.3.16　网页显示效果

选择一条记录，如 ID 为 7 的记录，单击右侧的"修改"链接。在新窗口显示的效果如图 6.3.17 所示。

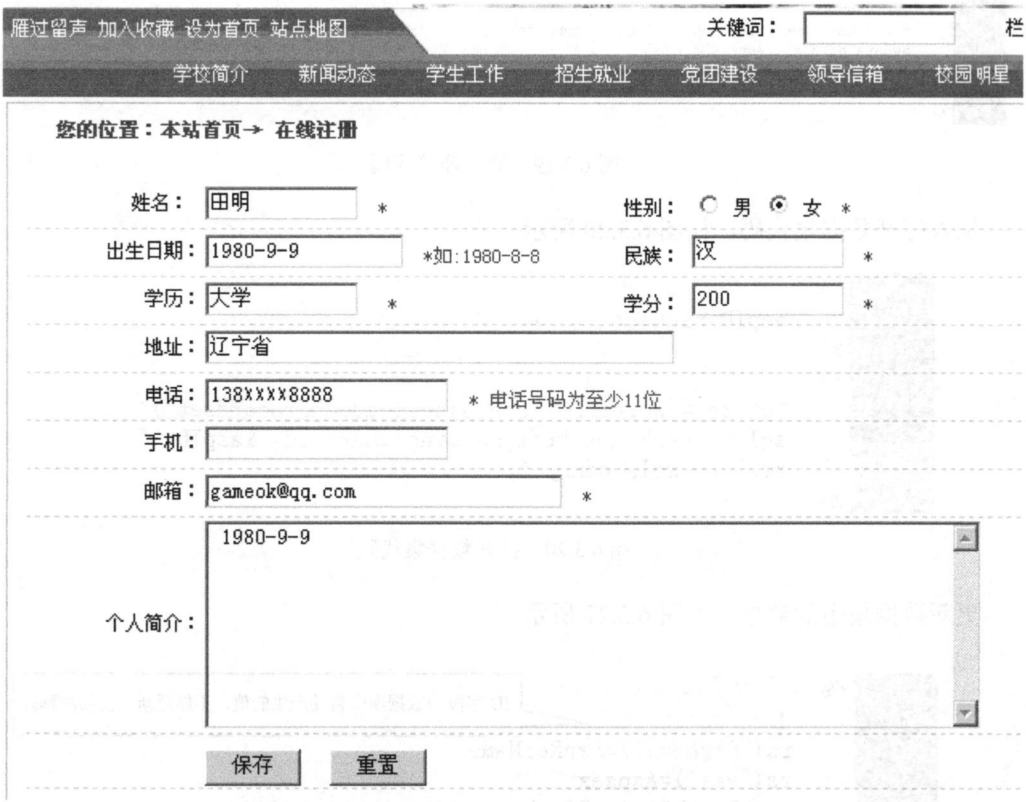

图 6.3.17 单击"修改"链接后显示的效果

步骤 7：设置数据更新的代码

新建一个 ASP 页面，保存为 stuModify_b.asp，保存在文件夹"asp 项目 6"内。

切换到代码视图，删除自动产生的代码。

加入获取表单元素的代码，如图 6.3.18 所示。

```
1   <% '----以下为获取表单元素的代码
2       dim AspRegName, Aspsex, AspBirth, AspNational, AspEducation
3       dim AspCredit, AspAddr, AspTelephone, AspMobile, AspEmail, AspRemark
4       AspRegName=request("RegName")
5       Aspsex=request("sex")
6       AspBirth=request("Birth")
7       AspNational=request("National")
8       AspEducation=request("Education")
9       AspCredit=request("Credit")
10      AspAddr=request("Addr")
11      AspTelephone=request("Telephone")
12      AspMobile=request("Mobile")
13      AspEmail=request("Email")
14      AspRemark=request("Remark")
15  %>
```

图 6.3.18 获取修改后的数据

加入数据连接代码，如图 6.3.19 所示。

```
18    <%'建立数据连接的代码
19        dim conn
20        set conn=server.createobject("adodb.connection")
21        mydata_path = "./db/2008.mdb"  '设置数据库的相对地址
22        conn.connectionstring="provider=microsoft.jet.oledb.4.0;"&"data source="&server.mappath(mydata_path)
23        conn.open
24    %>
```

图 6.3.19　数据连接代码

加入打开数据集代码，如图 6.3.20 所示。

```
27    <%
28        aspID=request("ID")
29    %>
30    <%'打开数据集的代码
31        Set rs = server.CreateObject("adodb.recordset")
32        sql = "select * from baoming where id="&aspID&""
33        rs.Open sql, conn, 1, 3
34    %>
```

图 6.3.20　打开数据集代码

更新数据集中的数据，如图 6.3.21 所示。

```
35    <%'更新数据集中的数据
36        'rs("id")=aspID                    ← ID 字段为数据库中自动产生的值，不能更新，需要注释掉
37        rs("RegName")=AspRegName
38        rs("sex")=Aspsex
39        rs("Birth")=AspBirth
40        rs("National")=AspNational
41        rs("Education")=AspEducation
42        rs("Credit")=AspCredit
43        rs("Addr")=AspAddr
44        rs("Telephone")=AspTelephone
45        rs("Mobile")=AspMobile
46        rs("Email")=AspEmail
47        rs("Remark")=AspRemark
48
49    %>
```

图 6.3.21　更新数据集中的数据

将数据集中的数据更新到数据库，并关闭数据集和数据连接，释放变量，如图 6.3.22 所示。

```
51    <%'更新数据库并关闭数据集和数据连接，释放变量
52        rs.update
53        rs.Close
54        Set rs = Nothing
55        conn.Close
56        Set rs = Nothing
57        Response.Write "<script language=javascript>alert('修改成功！');</script>"
58    %>
```

图 6.3.22　更新数据库并关闭数据集和数据连接，释放变量

步骤8：检测

在浏览器中预览"asp 项目 6\stu_list_M.asp"，选择一条记录，单击其右侧的"修改"链接。更改图 6.3.23 中的相关数值。

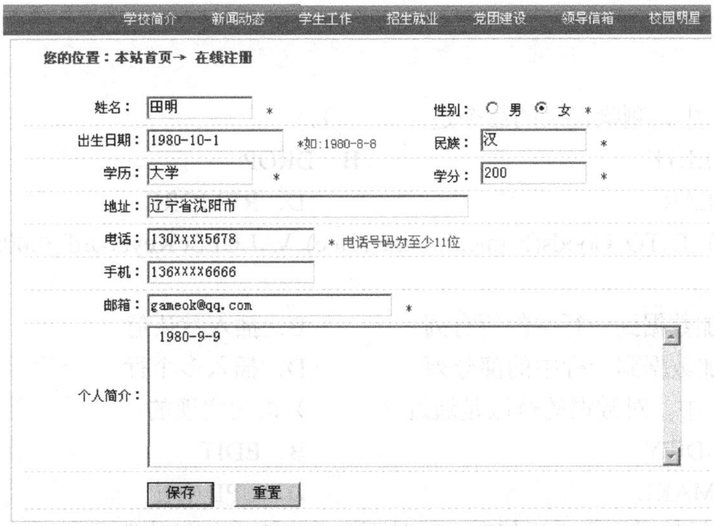

图 6.3.23 单击"修改"链接后的界面

然后单击"保存"按钮，修改成功提示如图 6.3.24 所示。

图 6.3.24 修改成功提示

再次预览"asp 项目 6\stu_list_M.asp"，如图 6.3.25 所示。

ID	姓名	性别	出生日期	电话	操作	
3	李明	男	1980-3-4	123××××8912	删除	修改
4	刘征	男	1980-8-8	123××××1321	删除	修改
5	魏民	男	1970-9-3	222××××2252	删除	修改
7	田明	女	1980-10-1	130××××5678	删除	修改

图 6.3.25 修改后的用户列表

对比图 6.3.25 与图 6.3.16，可以看到 ID 为 7 的记录已经发生了变化。

 **课后习题**

选择题

（1）在 SQL 中，删除记录的命令是（　　　）。

    A．DELETE   B．DROP

    C．CLEAR   D．REMORE

（2）INSERT INTO Goods(Name,Storage,Price) VALUES('Keyboard',3000,90.00)的作用是（　　　）。

    A．添加数据到一行中的所有列   B．插入默认值

    C．添加数据到一行中的部分列   D．插入多个行

（3）在 SQL 中，对数据的修改是通过（　　　）语句实现的。

    A．MODIFY   B．EDIT

    C．REMAKE   D．UPDATE

（4）下列执行数据的删除语句在运行时不会产生错误信息的选项是（　　　）。

    A．Delete * From A Where B = '6'   B．Delete From A Where B = '6'

    C．Delete A Where B = '6'   D．Delete A Set B = '6'

（5）从订单表中删除客户号为"1001"的订单记录，正确的 SQL 语句是（　　　）。

    A．DROP FROM 订单 WHERE 客户号="1001"

    B．DROP FROM 订单 FOR 客户号="1001"

    C．DELETE FROM 订单 WHERE 客户号="1001"

    D．DELETE FROM 订单 FOR 客户号="1001"

（6）将订单号为"0060"的订单金额改为 169 元，正确的 SQL 语句是（　　　）。

    A．UPDATE 订单 SET 金额=169 WHERE 订单号="0060"

    B．UPDATE 订单 SET 金额 WITH 169 WHERE 订单号="0060"

    C．UPDATE FROM 订单 SET 金额=169 WHERE 订单号="0060"

    D．UPDATE FROM 订单 SET 金额 WITH 169 WHERE 订单号="0060"

（7）使用 SQL 语句将学生表 S 中年龄（AGE）大于 30 岁的记录删除，正确的命令是（　　　）。

    A．DELETE FOR AGE>30   B．DELETE FROM S WHERE AGE>30

    C．DELETE S FOR AGE>30   D．DELETE S WHERE AGE>30

（8）使用 SQL 语句向学生表 S(SNO,SN,AGE,SEX)中添加一条新记录，学号(SNO)、姓名(SN)、性别(SEX)、年龄(AGE)的值分别为 0401、王芳、女、18，正确的命令是（　　　）。

    A．APPEND INTO S (SNO,SN,SXE,AGE) VALUES ('0401', '王芳', '女',18)

    B．APPENDS VALUES ('0401', '王芳', '女',18)

    C．INSERT INTO S (SNO,SN,SEX,AGE) VALUES ('0401', '王芳', '女',18)

    D．INSERT S VALUES ('0401', '王芳',18, '女')

项目七 制作"用户注册及后台管理"

核心技术

- Request 对象的使用
- Response 对象的使用
- trim()函数与 len()函数的使用

任务目标

- 任务一：用户注册及信息显示
- 任务二：后台对注册信息的验证
- 任务三：自定义函数对注册信息的验证

能力目标

- 会使用 Response 请求对象
- 会使用 Request 响应对象
- 能够熟练使用系统内置函数
- 能够编写自定义函数

项目背景

随着信息化技术的发展和普遍应用，学校信息化建设也在如火如荼地进行着。信息工程学校借着国家示范校建设的契机，大力推进、扩大学校办公网络的功能。由原来的只能进行公告信息显示，到现在的校园邮局和网络课程展示，信息化程度越来越高，但是这些功能的实现都需要用户进行网络注册，网站管理员需要对注册用户的信息进行身份验证。

项目分析

用户注册及信息显示的功能一般涉及两方面的内容，即前台内容和后台内容。前台页面通过表单的形式提交数据，后台程序接收前台页面传递过来的数据并进行注册信息显示。

用户注册信息的验证，同样涉及前台内容和后台内容。前台页面通过表单的形式提交数据，后台程序接收前台页面传递过来的数据，并根据预先设定的标准进行判断，根据判断的结果显示是否注册成功。复杂注册信息的验证，可通过管理员自定义函数进行，节省时间，提高效率。

前台页面可以是普通的 HTML 静态页，也可以是以.asp 作为扩展名的动态代码页。后台的页面必须是以.asp 为扩展名的动态代码页。

Request 对象负责客户端向服务器端发送数据。Response 对象负责服务器端向客户端输出显示信息。

trim()函数截取字符串两端的空格；len()函数获取字符串的长度。

▌▌项目目标

本项目主要从用户信息注册和验证功能出发，让学生了解 Response 响应对象的作用和 Request 请求对象的功能。并掌握信息显示和注册信息判断的方法，学会使用自定义函数完成复杂信息的判断。

任务一　用户注册及信息显示

▌▌任务描述

一个成功运行的网站必定拥有大量用户，为了保证用户和整个网络的安全，新用户必须进行注册，在注册时要提供一系列的信息，网站对用户填写的各种信息进行一定程度上的跟踪和限制。同时，为了减轻服务器的负担，在客户端对用户填写的各种信息进行一定的合法性检验，避免无效注册频繁访问服务器，浪费服务器资源。

▌▌任务要求

- 熟练掌握 Response 对象的使用。
- 熟练掌握 Request 对象的使用。
- 常用函数的使用。

▌▌知识准备

知识点：常用函数

1．取整函数

int(x)：取不大于 x 的最大整数。

fix(x)：舍去 x 的小数部分。

2．绝对值函数

abs(x)：求 x 的绝对值。

3．取余函数

X Mod Y：求 x 被 y 除的余数。

4．平方根函数

sqr(x)：求 x 的算术平方根，x 必须大于 0。

5．指数及对数函数

exp(x)：求以 e 为底，以 x 为指数的值。

log(x)：求以 e 为底的对数函数值。

6．三角函数

sin(x)：求 x 的正弦值。

cos(x)：求 x 的余弦值。

tan(x)：求 x 的正切值。

7．转换函数

Cint(x)：将表达式转化为 integer 数值子类型。

Clng(x)：将表达式转化为 long 数值子类型。

Cstr(x)：将表达式转化为 string 子类型。

Cdate(x)：将日期表达式转化为 date 子类型。

8．字符串函数

trim(string)：删除字符串的前导和后续空格。

len(string)：返回字符串的长度或存储某一变量所需要的字节数。

ltrim(string)：返回不带前导空格的字符串。

replace(string)：将字符串中的指定字符串替换为其他内容。

right(string)：从字符串的右侧获取指定数目的字符。

rtrim(string)：删除字符串的后续空格。

mid(string,start,length)：从字符串中的指定位置获取指定长度的字符串。

工作过程

步骤 1：建立注册页面

新建一个文件，命名为"zhuce.asp"，保存路径为"asp 项目 7"，界面设计如图 7.1.1 所示。

图 7.1.1　注册界面设计图

代码如图 7.1.2 所示。

```
13  <form name="form1" method="post" action="yanzheng01.asp">
14  <table border="2" width="60%" align="center">
15  <tr><td>用户名：<input name="userid" type="text" size=22 maxlength="8" >* (用户名长度为3~8位) </td></tr>
16  <tr><td>密码：<input name="userpw" type="password" size=22 maxlength="8" >* (密码长度为4~8位) </td></tr>
17  <tr><td>姓名：<input name="name" type="text" size=22 maxlength="8" > </td> </tr>
18  <tr><td>电话号码：<input name="tel" type="text" size=22 > </td> </tr>
19  <tr><td>电子邮箱：<input name="email" type="text" size=22 maxlength="30" > </td></tr>
20  <tr>  <td><input type="submit" value="注册">                  </td> </tr>
21  </table>
22  </form>
```

图 7.1.2　表单代码

步骤 2：编写后台代码

新建一个 ASP 文件，命名为"yanzheng01.asp"，保存位置与"zhuce.asp"相同。切换到代码视图，编写代码如图 7.1.3 所示。

```
1   <%
2   suserid=trim(request("userid"))     '接收用户名称
3   suserpw=trim(request("userpw"))     '接收用户密码
4   sname=trim(request("name"))         '接收姓名
5   stel=trim(request("tel"))           '接收电话号码
6   semail=trim(request("email"))       '接收电子邮件
7   response.Write"<div align='center'>"    '输出注册信息
8   response.Write("你注册的信息如下："+"<br>")
9   response.Write("用户名："+suserid+"<br>")
10  response.Write("密码："+suserpw+"<br>")
11  response.Write("姓名："+sname+"<br>")
12  response.Write("电话号码："+stel+"<br>")
13  response.Write("电子邮箱："+semail+"<br>")
14  response.Write"</div>"
15  %>
```

图 7.1.3   获取并显示注册信息

说明： trim()函数用于去除字符串两端的空格。一般在数据提交时，一些文本信息的前后两端经常会产生一些多余的空格，因此在编程过程中，对接收到的字符串变量，经常需要去除这些多余的空格，然后再进行相关的运算。

步骤3： 运行和测试

在浏览器中预览 zhuce.asp，并填入对应信息，结果如图 7.1.4 所示。

图 7.1.4   注册页面测试结果

单击"注册"按钮，显示结果如图 7.1.5 所示。

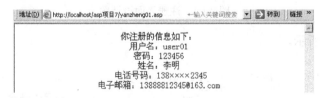

图 7.1.5   显示注册信息

任务二   后台对注册信息的验证

任务描述

学校希望在原来校园网的基础上，增加一些让学生展示自我的功能。出于安全方面的考虑，只希望系统的注册用户使用合法的账户登录，因而，在网站的后台设计上要能够对用户的注册信息进行合理的验证。当用户注册的信息与系统需要的信息不符时，会提示错误，反之，注册成功。

任务要求

- 熟练掌握常用函数的使用方法。
- 综合运用常用函数、选择结构、循环结构进行数据验证。

工作过程

步骤 1：新建文件

打开 zhuce.asp，另存为"zhuce02.asp"，保存路径为"asp 项目 7"，修改 Form 的提交文件为"yanzheng02.asp"，界面设计如图 7.2.1 所示。

图 7.2.1 注册界面设计图

代码如图 7.2.2 所示。

```html
13  <form name="form1" method="post" action="yanzheng02.asp">
14  <table border="2" width="60%" align="center">
15      <tr><td>
16          用户名：<input name="userid" type="text" size=22 maxlength="8" >
17          *（用户名长度为3-8位)
18      </td></tr>
19      <tr><td>
20          密码：<input name="userpw" type="password" size=22 maxlength="8" >
21          *（密码长度为4-8位)
22      </td></tr>
23      <tr><td>姓名：<input name="name" type="text" size=22 maxlength="8" >
24      *（2-5个汉字)
25      </td></tr>
26      <tr><td>电话号码：<input name="tel" type="text" size=22 >
27      *（11位数字)
28      </td></tr>
29      <tr><td>电子邮箱：<input name="email" type="text" size=22 maxlength="30" >
30      *（） </td>
31      </tr>
32      <tr><td><table width="100%" border="0" cellspacing="0" cellpadding="0">
33          <tr>
34          <td><input  type="submit" value="注册" /></td>
35          <td>带*的项为必填项</td>
36          </tr>
37      </table></td>
38      </tr>
39  </table>
40  </form>
```

图 7.2.2 注册表单的代码

步骤 2：编写接收表单变量的代码

新建一个 ASP 文件，另存为"yanzheng02.asp"，保存路径为"asp 项目 7"，编写接收表单变量的代码，如图 7.2.3 所示。

```
1  <%
2      suserid=trim(request("userid"))  '接收用户名称
3      suserpw=trim(request("userpw"))  '接收用户密码
4      sname=trim(request("name"))      '接收姓名
5      stel=trim(request("tel"))        '接收电话号
6      semail=trim(request("email"))    '接收电子邮件
7  %>
```

图 7.2.3　获取注册信息的代码

步骤 3：编写输出注册信息的代码

代码如图 7.2.4 所示。

```
8   <%
9       response.Write"<div align='center'>"     '输出注册信息
10      response.Write("你注册的信息如下: "+"<br>")  '
11      response.Write("用户名: "+suserid+"<br>")    '
12      response.Write("密码: "+suserpw+"<br>")      '
13      response.Write("姓名: "+sname+"<br>")        '
14      response.Write("电话号码: "+stel+"<br>")      '
15      response.Write("电子邮箱: "+semail+"<br>")    '
16      response.Write"</div>"
17  %>
```

图 7.2.4　输出注册信息的代码

步骤 4：编写对注册信息进行验证的代码

代码如图 7.2.5 所示。

```
18  <%
19      if len(suserid)<=3 then
20          response.Write "<center><h1>用户名太短</center></h1>"
21      end if
22      if len(suserpw)<=8 then
23          response.write "<center><h1>密码太短</center></h1>"
24      end if
25      if len(stel)<>11 then
26          response.write "<center><h1>请输入11位手机号</center></h1>"
27      end if
28      if sname="" then
29          response.write "<center><h1>请输入姓名</center></h1>"
30      end if
31      if stel="" or Not isnumeric(stel)  then
32          response.write"<center><h1>请正确输入你的手机号</center></h1>"
33      end if
34      if len(semail)<>6  then
35          response.write "<center><h1>请输入正确的电子邮件地址</center></h1>"
36      end if
37  %>
```

图 7.2.5　对注册信息进行验证

电子邮件的验证比较特殊，因此需要另外编写代码进行验证，如图 7.2.6 所示。

```
38   <%'对于电子邮件的验证
39       atCount = 0
40       For atLoop = 1 To Len(sEmail)
41           atChr = Mid(sEmail, atLoop, 1)
42           If atChr = "@" Then atCount = atCount + 1
43       Next
44       if atcount<>1 then
45           response.Write("邮件地址不正确")
46       end if
47   %>
```

图 7.2.6 电子邮件的验证代码

步骤 5：运行测试

在浏览器中预览"zhuce02.asp"，并填入数据，如图 7.2.7 所示。

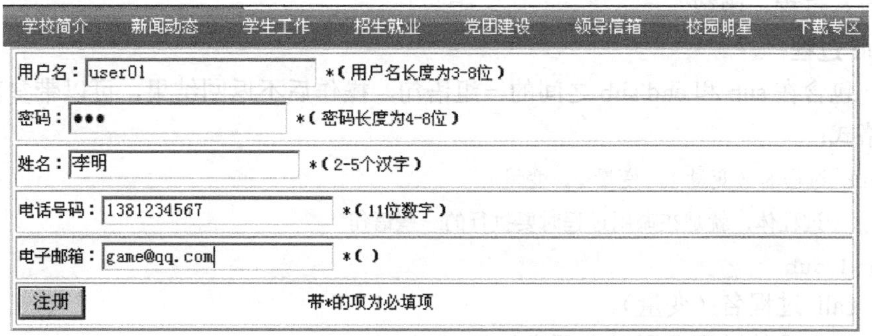

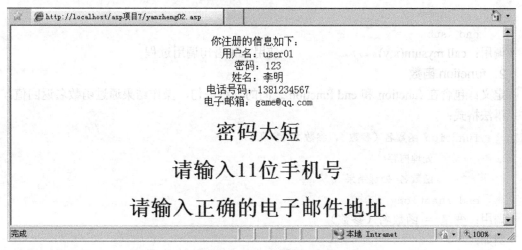

图 7.2.7 填写注册信息

单击"注册"按钮，最后显示结果如图 7.2.8 所示。

图 7.2.8 注册信息验证结果

任务三 自定义函数对注册信息的验证

▌任务描述

系统对用户名、身份证号、邮箱等重要注册信息的验证需要复杂的过程，如果采用客户端验证，需要将验证代码嵌入页面，这样可减少服务器的压力，但是这种验证方式的安全性较低，无法进行代码保护。为提高安全性，采用服务器端的验证方式，就是将验证代码写入验证函数，需要验证时，只需要调用相关的验证函数即可。

任务要求

- 掌握子过程的定义与调用。
- 掌握函数的定义与调用。
- 知道过程与函数的区别。

知识准备

知识点：过程、函数

1．sub 过程

定义：包含在 sub 和 end sub 之间的一组语句，操作后不返回结果，可以带参数。

语法格式：

```
sub 过程名（变量 1，变量 2，变量 n）
    过程体，就是在调用过程时要执行的一些语句
end sub
```

调用：call 过程名（变量）。

注意：无参数的过程调用时必须带括号。

例如：

```
sub  mysum(x,y)
    sum=x+y
end  sub
```

调用：call mysum(x,y)   '使用 call 语句调用过程

2．function 函数

定义：包含在 function 和 end function 之间的一组语句，操作结果通过函数名返回值。

语法格式：

```
function 函数名（参数 1，参数 2，参数 n）
        处理内容
        函数名=处理结果
end function
```

调用：变量 = 函数名（参数）

例如：

```
function mysum(x,y)
        Dim sum
mum=x+y
mysum=sum
end function
```

调用：ssum=mysum(x,y)   '直接引用函数名进行调用

工作过程

步骤 1： 新建文件

打开 zhuce.asp，另存为"zhuce03.asp"，保存路径为"asp 项目 7"，修改 Form 的提交文件为"yanzheng03.asp"，界面设计如图 7.3.1 所示。

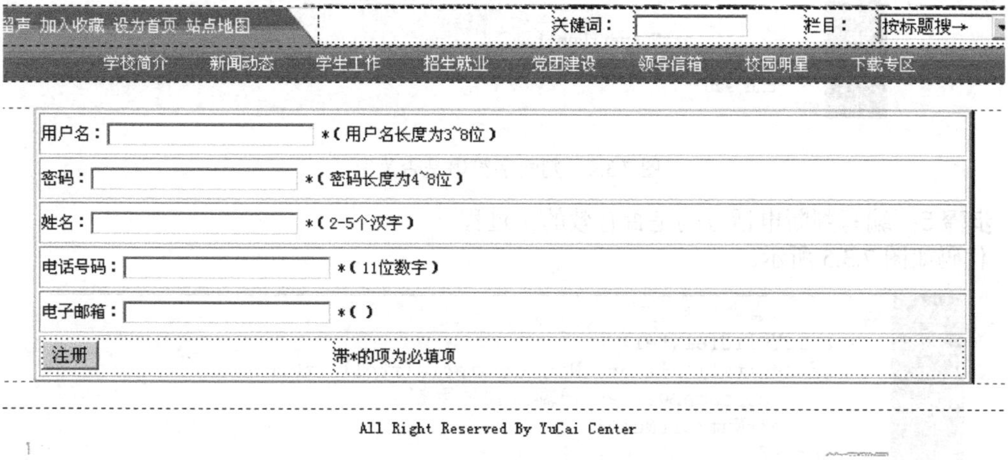

| 留声 加入收藏 设为首页 站点地图 | 关键词： | 栏目： | 按标题搜→ |

| 学校简介 | 新闻动态 | 学生工作 | 招生就业 | 党团建设 | 领导信箱 | 校园明星 | 下载专区 |

用户名：[   ] *（用户名长度为3~8位）

密码：[   ] *（密码长度为4~8位）

姓名：[   ] *（2-5个汉字）

电话号码：[   ] *（11位数字）

电子邮箱：[   ] *（ ）

[注册]   滞*的项为必填项

All Right Reserved By YuCai Center

图 7.3.1 注册界面设计图

步骤 2： 编写接收表单变量的代码

新建一个 ASP 文件，另存为"yanzheng03.asp"，保存路径为"asp 项目 7"，编写接收表单变量的代码，如图 7.3.2 所示。

```
1  <%
2      suserid=trim(request("userid"))  '接收用户名称
3      suserpw=trim(request("userpw"))  '接收用户密码
4      sname=trim(request("name"))      '接收姓名
5      stel=trim(request("tel"))        '接收电话号
6      semail=trim(request("email"))    '接收电子邮件
7  %>
```

图 7.3.2 获取注册信息的代码

步骤 3： 编写显示注册信息的代码

代码如图 7.3.3 所示。

```
8   <%
9       response.Write"<div >"    '输出注册信息
10      response.Write("您注册的信息如下：")
11      response.Write "<br>-----------------------------<br>"
12      response.Write("用户名："+suserid+"<br>")
13      response.Write("密  码："+suserpw+"<br>")
14      response.Write("姓  名："+sname+"<br>")
15      response.Write("电话号码："+stel+"<br>")
16      response.Write("电子邮箱："+semail+"<br>")
17      response.Write"</div>"
18      response.Write "<br>---------错误信息---------<br>"
19  %>
```

图 7.3.3 显示注册信息的代码

步骤 4：编写判断字符串是否为空的子过程

代码如图 7.3.4 所示。

```
21  <%'判断一个字符串是否为空
22      sub isNostr(str,txtName)
23          if len(str)=0 then
24              response.Write(txtName+"不能为空！<br>")
25              '子过程不能返回值，输出语句只能放到子过程中
26              errNum=errNum+1
27          end if
28      end sub
29  %>
```

图 7.3.4　判断字符串是否为空

步骤 5：编写判断电话号码是否有效的子过程

代码如图 7.3.5 所示。

```
31  <%'判断电话号码是否有效，条件是11位的数字
32    sub isValidTel(tel)
33      if len(tel)<>11 or  Not isnumeric(stel)  then
34          response.Write "请输入11位手机号"
35          errNum=errNum+1
36      end if
37    end sub
38  %>
```

图 7.3.5　判断手机号码

步骤 6：编写判断字符串是否太短的自定义函数

代码如图 7.3.6 所示。

```
40  <%'判断一个变量长度是否太短
41      'x为长度限制，str为变量，txtName为提示信息
42      function isTooShort(x,str,txtName)
43          if len(str)<x then
44              isTooShort=txtName+"太短"+"<br>"
45              errNum=errNum+1
46          end if
47      end function
48  %>
```

图 7.3.6　判断字符串是否太短的函数

步骤 7：编写判断电子邮件地址是否有效的自定义函数

代码如图 7.3.7 所示。

```
50  <%'判断一个电子邮件是否合法，以是否含有"@"为判断依据
51      function isEmail(email)
52          atCount = 0
53          For atLoop = 1 To Len(Email)
54              atChr = Mid(Email, atLoop, 1)
55              If atChr = "@" Then atCount = atCount + 1
56          Next
57          if atcount<>1 then
58              isEmail=("邮件地址不正确<br>")
59              errNum=errNum+1
60          end if
61      end function
62  %>
```

图 7.3.7　判断电子邮件地址的函数

步骤 8：调用子过程或自定义函数，并显示验证结果

代码如图 7.3.8 所示。

```
63  <%
64      errNum=0            '初始化变量，用于记录错误次数
65      errInfo=""          '初始化变量，用于记录错误的信息
66      call isNostr(suserid,"用户名")
67      call isNostr(suserpw,"密码")
68      call isNostr(sname,"姓名")
69      call isNostr(stel,"电话")
70      call isNostr(semail,"电子邮件")
71
72      errInfo=isTooShort(3,suserid,"用户名")
73      errInfo=errInfo&isTooShort(4,suserpw,"密码")
74      errInfo=errInfo&isTooShort(2,sname,"姓名")
75      errInfo=errInfo&isEmail(semail)
76      response.Write(errInfo)
77
78      call isValidTel(stel)
79      response.Write "<br>----------检测结果-------------<br>"
80      if errNum<>0 then
81
82          response.Write "网页中共检测到"&errNum&"个错误<br>"
83      else
84          response.Write "网页中没有检测到错误！"
85      end if
86  %>
```

图 7.3.8　调用子过程或自定义函数进行验证

步骤 9：运行测试

在浏览器中预览"zhuce03.asp"，并填入数据，如图 7.3.9 所示。

图 7.3.9　填写注册信息

单击"注册"按钮，验证结果如图 7.3.10 所示。

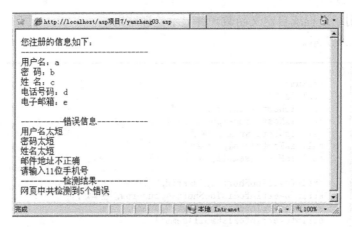

图 7.3.10 注册信息验证结果

重新在浏览器中预览"zhuce03.asp"，并填入正确数据，测试结果如图 7.3.11 所示。

图 7.3.11 正确的注册信息验证结果

知识扩展

知识点 1：自定义函数

ASP 中除系统固定的函数外，还可以自定义函数。

function：函数，可以带返回值。

语法格式：

```
<%
function FunctionName(参数 1，参数 2，…)
…
FunctionName = 返回值
End function
%>
```

调用方法：

不需要返回值时，用 FunctionName 参数 1，参数 2，…

需要返回值时，则用 变量名 ＝FunctionName(参数 1，参数 2，…)

知识点 2：子过程

语法格式：

```
sub SubName(参数1, 参数2,...)
...
end sub
```

调用方法：

调用 sub 可用 call sub。例如：

```
call Add(1,3)
sub Add (byval A as long, byval B as long)
Msgbox A & "+" & B & "=" & A+B
end sub
```

这是一个简单的子程序。如果调用：call　Add 1,3，则弹出一个对话框，内容为1+3=4。

一般情况下 function 有返回值，而 sub 没有返回值，大多数情况下，使用 function 可以取代 sub，所以在编程中，推荐使用 function 的模式来解决问题。

通常可以用 function 代替一切，除了一些一定要用 sub 的，如事件的触发要用"private sub xxx_OnYYY"。用 function 的好处是有返回值，对于用 sub 就可以解决问题的，用 function 的返回值还可以通知程序是否出错。一般来说返回 0 表示成功，返回其他数值则是错误代码。

```
Add 1,3
function Add (byval A as long, byval B as long) as long
Add= A+B
end function
```

或者

```
X=Add (1, 3)
response.Write(x)
function Add (byval A as long, byval B as long) as long
Add= A+B
end function
```

也可以让自定义函数直接参加算术运算，代码如下：

```
...
D = Add(40,50) - Add(1,8)
...
```

调用后 D 的值为：D =90-9 =81。

 课后习题

选择题

（1）下面（　　　）函数是用来将字符串中的小写字母转换为大写字母的。

    A．ucase( )   B．lcase( )   C．scase( )   D．left( )

（2）下列不属于 Response 对象的方法的是（　　　）。

  A．Expires   B．Flush   C．Write   D．Redirect

（3）赋值 s="8"并执行 a=IsNumeric(s)语句后，a 是（   ）。

  A．字符串型   B．日期型   C．数值型   D．布尔型

（4）请问 Mid("I am a student.",9,2)的返回值是（   ）。

  A．"tu"   B．"st"   C．"en"   D．"nt"

（5）关于 VBScript 过程，下列说法错误的是（   ）。

  A．call 语句用于 sub 或 function 过程的调用

  B．调用 function 过程时 call 语句可以省略，但是调用 sub 过程时不可以省略

  C．function 函数可以有返回值

  D．使用 exit function 语句可以从 function 过程中立即退出

（6）执行完 yy=31 Mod 10 语句后，a 的值为（   ）。

  A．0   B．1   C．3   D．2

（7）在 VB 脚本语言中没有返回值的函数是（   ）。

  A．year   B．sub

  C．int   D．month

项目八 文件的管理

▍核心技术

- 用 ASP 对文件进行管理
- 用 ASP 对目录进行管理
- 用 ASP 对数据库记录进行操作

▍任务目标

- 任务一：认识 Word 2010
- 任务二：删除文件
- 任务三：目录管理

▍能力目标

- 文件的上传
- 文件的删除
- 建立目录
- 删除目录

▍项目背景

用户在使用网站的时候，往往会在服务器中上传一些文件，如图片、文档等，有时也会建立一些目录。当注册的用户身份不再有效时，或者上传的文件非法时，也需要对这些文件和目录进行管理。

要求网站管理员为网站添加相关的代码和功能，保证能够通过网站的后台直接对这些文件和目录进行管理。

▍项目分析

在对后台文件进行管理的时候，一般会涉及文件的添加、文件的删除、目录的新建、目录的删除等操作。需要注意的是，还应该将对这些文件或目录的处理过程记录到数据库中，否则很难了解哪些文件和目录需要进行处理，以及哪些文件或目录经过了处理。因而，本项目一方面需要掌握对文件和目录的操作技巧，另一方面也需要进一步巩固对数据库记录的操作技能。

▍项目目标

通过本项目的完成，初步掌握 ASP 编程中对文件上传、文件删除的操作。掌握目录的建立、目录的删除等操作。巩固对数据库记录的增加、修改和删除操作。

任务一 认识 Word 2010

使用字处理软件 Word 2010 能制作包含图、文、表的精美文档。而正确进入 Word 2010 操作环境则是工作的开始，正确识别 Word 2010 窗口中的组件及其功能是熟练编制文档的前提，完成文档编辑任务后应选择正确的方法退出，释放所占用的内存。

‖ 任务描述

在网站的使用过程中，一些新闻资料或个人信息中经常会出现图片信息。根据学校要求，需要为网站增加图片的上传功能，把上传后的图片路径保存到数据库中，并通过特定的页面显示出来。

‖ 任务要求

- 能够进行文件上传。
- 能够将数据库写入记录。
- 能够读取数据库记录。

‖ 知识准备

在 ASP 中文件的建立是通过 ADODB 实现的。ADODB 是活动数据对象数据库的缩写，即 Active Data Object DataBase。ADODB 对象有一个 Stream 属性。

具体用法为，先创建一个 ADODB.Stream 对象，再执行此对象的 Open 方法，打开数据流，使用.LoadFromFile 接收传递过来的数据文件信息，最后使用.SaveToFile 保存文件。

组件："ADODB.Stream"

1）Open 方法

说明：打开对象。

语法格式：

```
Object.Open(Source,[Mode],[Options],[UserName],[Password])
```

参数：

Source，对象源，可不指定。

Mode，指定打开模式，可不指定。常见的参数有 3 种，即 1（读状态），2（写状态），3（读写状态）。

Options，指定打开的选项，可不指定。

UserName，用户名，可不指定。

Password，密码 ，可不指定。

2）LoadFromFile 方法

说明：将 FileName 指定的文件装入对象中，参数 FileName 为指定的用户名。

语法格式：

```
Object.LoadFromFile(FileName)
```

3）SaveToFile 方法

说明：将对象的内容写到指定的文件中。

语法格式：

```
Object.SaveToFile(FileName,[Options])
```

参数：

FileName，为指定的文件。

Options，存取的选项，可不指定。可选参数有 2 种，即 1（新建文件），2（新建文件并覆盖原文件）。

示例代码如下：

```
strFileName = Request.Form("filePic")    '获取上传的文件
saveFileName="abc.jpg"
Set objStream = Server.CreateObject("ADODB.Stream")
objStream.Type = 1  '定义数据流为二进制
objStream.Open       '打开数据流
objStream.LoadFromFile strFileName '为数据流传输数据
objStream.SaveToFile Server.MapPath(saveFileName),2 '保存文件
objStream.Close      '关闭数据流
```

其中，文件名一般为绝对路径，如果数据库中记录的是相对路径，则需要使用 mapPath( ) 函数将其转化为绝对路径。

完成本功能模块，一方面需要掌握在服务器端进行文件操作的方法，另一方面还需要把最后建立的文件的路径记录到数据库中。在进行数据记录的时候还存在绝对路径和相对路径的问题。需要根据实际情况灵活掌握，什么时候使用绝对路径，什么时候使用相对路径，如果对此问题理解得不够透彻，往往会影响网站的可移植性。

▌工作过程

步骤 1：建立表单及文件域

打开"asp 项目 8\model.html"另存为 uploadFile.html，保存的位置为"asp 项目 8"。也可以新建一个文件，保存为 uploadFile.html。uploadFile.html 文件如图 8.1.1 所示。

图 8.1.1　网页素材

在"文件上传"下方插入一个表单，如图 8.1.2 所示。

图 8.1.2　插入表单

设置表单的属性，如图 8.1.3 所示。

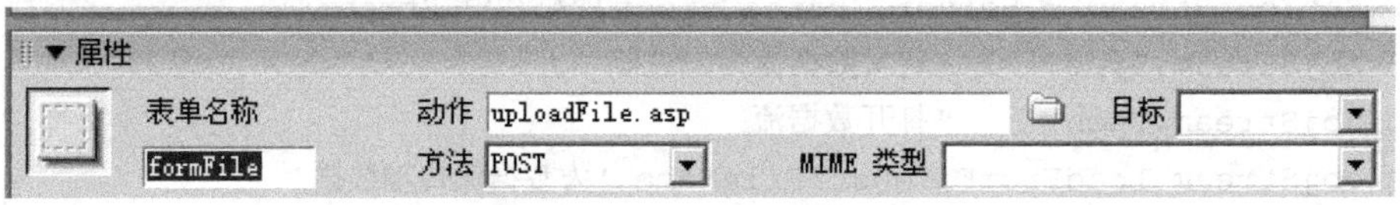

图 8.1.3　设置表单属性

在表单内制作文件上传的表格，如图 8.1.4 所示。

图 8.1.4　添加表格

将光标定位在第二行第二个单元格内，选择表单工具栏上的 □ "文件域"工具。表单工具栏如图 8.1.5 所示。

图 8.1.5　表单工具栏

为表单添加一个"提交"按钮，设置"文件域"的属性如图 8.1.6 所示。

图 8.1.6　设置"文件域"的属性

步骤 2：编写后台上传文件代码

新建一个 ASP 文件，保存到"asp 项目 8"文件夹中，命名为 uploadFile.asp。切换到代码视图，删除自动产生的代码。

添加文件上传的代码，如图 8.1.7 所示。

```
8    <%'文件上传代码
9      strFileName = Request.Form("filePic")'获取上传的文件
10     response.Write(strFileName)
11     saveFileName=GetFileName(strFileName)'调用函数获取文件名
12     Set objStream = Server.CreateObject("ADODB.Stream")
13     objStream.Type = 1        '定义数据流为二进制
14     objStream.Open           '打开数据流
15     objStream.LoadFromFile strFileName      '为数据流传输数据
16     objStream.SaveToFile Server.MapPath(saveFileName),2 '保存文件
17     objStream.Close          '关闭数据流
18     response.Write("<br>文件提交成功！")
19   %>
```
定义数据流

图 8.1.7　文件上传代码

编写获取文件名的代码，如图 8.1.8 所示。

```
13   <%'获取文件名的代码
14     function GetFileName(ByVal strFile)
15        if strFile <> "" then '判断文件名是否为空
16         GetFileName = mid(strFile,InStrRev(strFile, "\")+1)
17        else                  '文件名非空则关闭数据流并结束程序
18         GetFileName = ""
19         set objStream.Close
20         set objStream=nothing
21         response.Write("请选择恰当的文件名")
22         response.End()
23        end if
24     end  function
25   %>
```

图 8.1.8　获取文件名的代码

步骤 3：阶段测试

在浏览器中浏览"asp 项目 8\uploadFile.html"，效果如图 8.1.9 所示。

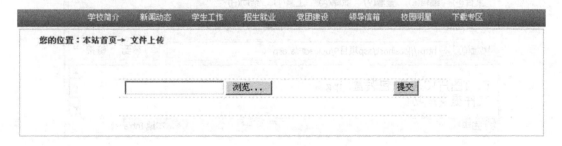

图 8.1.9　上传文件测试界面

单击"浏览"按钮，在弹出的对话框里选择一个本地计算机的图片，如图 8.1.10 所示。

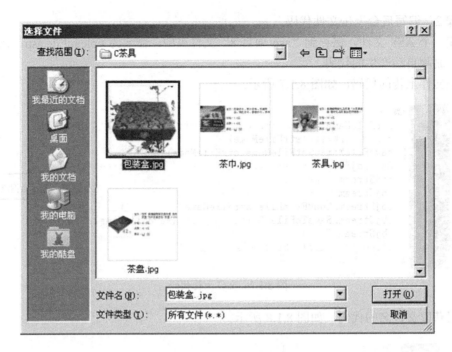

图 8.1.10 选择上传文件

单击"提交"按钮，如图 8.1.11 所示，最后结果如图 8.1.12 所示。

图 8.1.11 提交上传文件

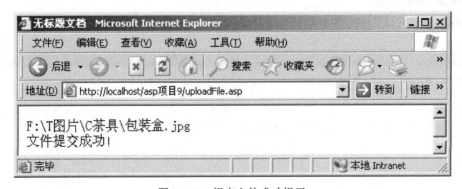

图 8.1.12 提交文件成功提示

最后，在"asp 项目 8"文件夹中可以查看已经上传的图片，如图 8.1.13 所示。

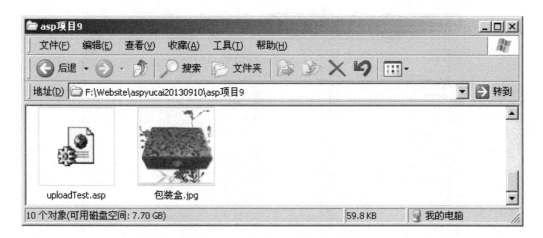

图 8.1.13　已经上传到网站中的文件

步骤4： 在数据库中添加文件上传的记录

添加数据连接的代码，如图 8.1.14 所示。

```
34  <%'建立数据连接的代码
35      dim conn
36      set conn=server.createobject("adodb.connection")
37      mydata_path = "./db/2008.mdb"  '设置数据库的相对地址
38      conn.connectionstring="provider=microsoft.jet.oledb.4.0;"&"data source="&server.mappath(mydata_path)
39      conn.open
40  %>
```

图 8.1.14　数据连接的代码

添加打开数据集的代码，如图 8.1.15 所示。

```
41  <%'打开数据集的代码
42      Set rs = server.CreateObject("adodb.recordset")
43      sql = "select * from down"
44      rs.Open sql, conn, 1, 3
45      rs.addnew
46  %>
```

图 8.1.15　打开数据集的代码

为新记录各元素设置相应的值，如图 8.1.16 所示。

```
47  <%'为新增加的记录设置字段值
48      rs("name")="图片"    '设置name列值
49      rs("down_class")=3  '设置down_class列值，3代表图片，数据库中预定义
50      rs("img") = saveFileName
51  %>
```

图 8.1.16　为新记录各元素设置相应的值

提示： 为简化代码，仅取其中的三个参数为例进行说明。

表的结构如图 8.1.17 所示。

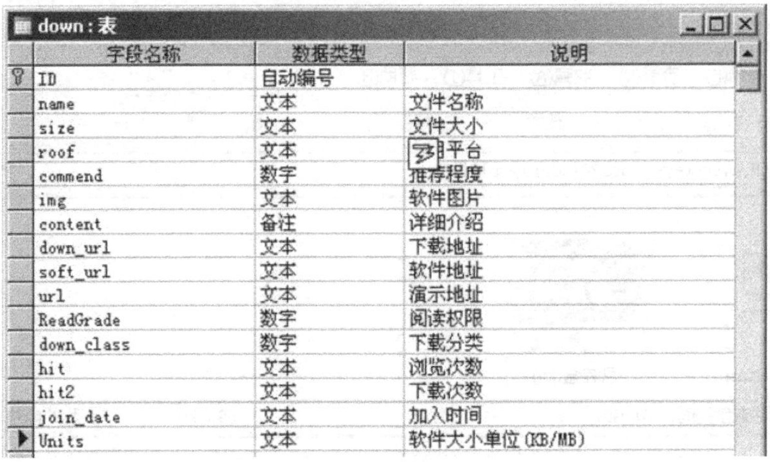

图 8.1.17　上传记录表结构

更新记录集，关闭记录集和数据连接，如图 8.1.18 所示。

```
53  '%' 更新记录集及关闭数据连接
54  rs.update              '更新记录集
55  rs.Close               '关闭记录集
56  Set rs = Nothing       '释放记录集变量
57  conn.Close             '关闭数据连接
58  Set conn = Nothing     '释放数据连接变量
59  Response.Write "<script language=javascript>alert('添加成功！');</script>"
60  %>
```

添加提示

图 8.1.18　更新记录集，关闭记录集和数据连接

步骤 5：最终测试

在浏览器中浏览"asp 项目 8\uploadFile.html"。单击"浏览"按钮，在对话框里选择一个本地计算机的图片，如图 8.1.19 所示。

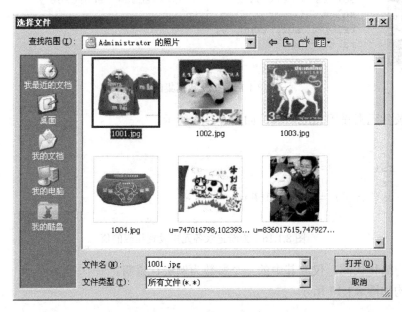

图 8.1.19　文件上传测试

单击"打开"按钮，如图 8.1.20 所示。

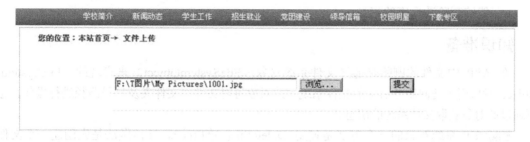

图 8.1.20 选择上传文件

打开"asp 项目 8\db"文件夹下的"2008.mdb"文件，如图 8.1.21 所示。
打开 down 表，如图 8.1.22 所示。

图 8.1.21 后台数据库文件

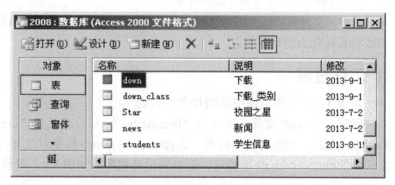

图 8.1.22 数据库中的上传文件记录表

表的最后一条记录即为刚刚添加的图片的相关信息，如图 8.1.23 所示。

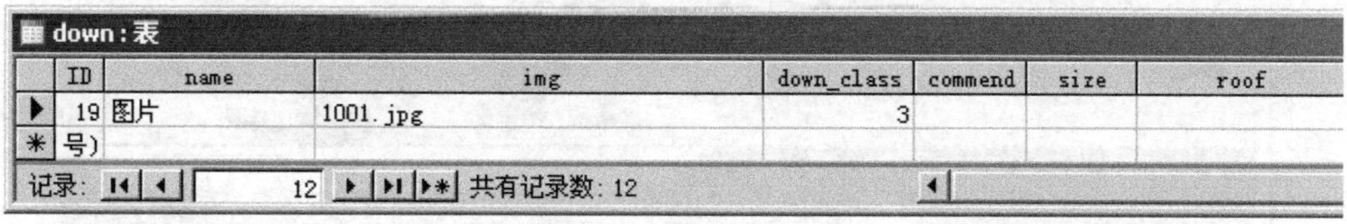

ID	name	img	down_class	commend	size	roof
19	图片	1001.jpg	3			

图 8.1.23 数据表中的文件上传记录

任务二 删除文件

任务描述

在网站的使用过程中，发现由于网站空间的限制，已经没有足够的空间保证网站的正常运行了，需要删除一些过期的图片或文件。根据学校的要求，网站管理员需要为网站中上传的文件添加删除文件的功能。

任务要求

● 能够利用 ASP 进行文件删除。

- 能够读取数据库的记录。
- 能够删除数据库的记录。

知识准备

在 ASP 中文件的删除是通过文件系统对象（FileSystemObject）来实现的。FileSystemObject 对象用于访问服务器上的文件系统。此对象可对文件、文件夹及目录路径进行操作。也可通过此对象获取文件系统的信息。

删除文件系统对象的一个方法是使用 DeleteFile( )的方法。具体做法是先创建一个文件系统对象，然后再执行所建立的文件系统对象的 DeleteFile( )方法。

示例代码如下：

```
Set fso=CreatObject("Scripting.FileSystemObject")
Fso.DeleteFile("文件名")
```

其中，文件名一般为绝对路径，如果数据库中记录的是相对路径，则需要使用 mapPath( ) 函数将其转化为绝对路径。

工作过程

步骤 1：显示数据库中的图片文件列表

新建一个 ASP 文件，保存为"fileList.asp"，保存路径为"asp 项目 8"。打开"asp 项目 8\model.html"，切换到代码视图，选择<html></html>标签对及其内的代码，替换 fileList.asp 文件中的<html></html>标签对。切换到设计视图，如图 8.2.1 所示。

图 8.2.1　网页素材

将光标定位在"在线注册"下方的单元格内，插入如图 8.2.2 所示的表格。

ID	路径	图片	操作

图 8.2.2　插入表格

切换到代码视图，为数据编写相关代码。在表格的代码前添加数据连接的代码和打开数据集的代码，如图 8.2.3 所示。

```
44  <%'建立数据连接的代码
45      dim conn, rs                                     '定义数据连接和数据集变量
46      set conn=server.createobject("adodb.connection")  '初始化数据连接变量
47      mydata_path = "./db/2008.mdb"   '设置数据库的相对地址
48      conn.connectionstring="provider=microsoft.jet.oledb.4.0;"&"data source="&server.mappath(mydata_path)
49      conn.open                                       '打开数据连接
50  %>
51
52  <%'打开数据集的代码
53      Set rs = server.CreateObject("adodb.recordset")  '初始化数据集变量
54      sql = "select * from down where down_class=3"    '设定数据连接SQL语句
55      rs.Open sql, conn, 1, 3                          '打开数据集连接
56  %>
```

图 8.2.3 数据连接的代码和打开数据集的代码

提示：down_class 代表的是数据上传的类型，此列值为 3，代表上传的是图片。

为表单的第二行添加各列对应的从数据库中获取的数据，如图 8.2.4 所示。

```
58  <table width="600" border="0" align="center" cellpadding="0" cellspacing="0">
59    <tr>
60      <td width="50"><div align="center">ID</div></td>
61      <td><div align="center">路径</div></td>
62      <td width="100"><div align="center">图片</div></td>                 读取数据的代码
63      <td width="80"><div align="center">操作</div></td>
64    </tr>
65  <%do while not rs.eof%>
66    <tr>
67      <td align="center"><%=rs("id")%></td>
68      <td><%=server.MapPath(rs("img"))%></td>
69      <td><img src="<%=server.MapPath(rs("img"))%>" width="100"/></td>
70      <td><div align="center">删除</div></td>
71    </tr>
72  <%rs.movenext
73  loop
74  %>
75  </table>
```

图 8.2.4 添加获取的数据

设计视图如图 8.2.5 所示。

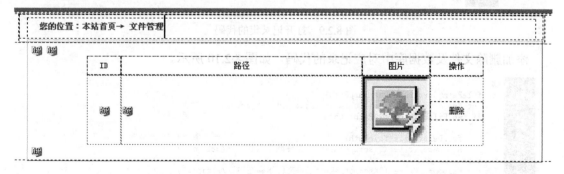

图 8.2.5 设计视图

步骤 2：制作删除文件的链接

设置删除的链接代码，如图 8.2.6 所示。

```
66   <tr>
67    <td align="center"><%=rs("id")%></td>
68    <td><%=server.MapPath(rs("img"))%></td>
69    <td><img src="<%=server.MapPath(rs("img"))%>"  width="100"/></td>
70    <td><div align="center"><a href="fileDele.asp?id=<%=rs("id")%>">删除</a></div></td>
71   </tr>
```

图 8.2.6　修改超级链接地址

步骤 3：编写删除文件的代码

新建一个 ASP 文件，保存为 fileDele.asp，保存路径为"asp 项目 8"文件夹。切换到代码视图，删除自动产生的代码。

添加删除文件的代码，如图 8.2.7 所示。

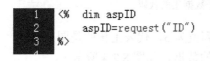

```
1   <%  dim aspID                                  '定义接受ID的变量
2       aspID=request("ID")                        '获取传递的变量
3   %>
```

图 8.2.7　获取删除记录的 ID 值

添加建立数据连接的代码，如图 8.2.8 所示。

```
5   <%'建立数据连接的代码
6       dim conn, rs                                           '定义数据连接和记录集变量
7       set conn=server.createobject("adodb.connection")'初始化数据连接
8       mydata_path = "./db/2008.mdb"   '设置数据库的相对地址
9       conn.connectionstring="provider=microsoft.jet.oledb.4.0;"&"data source="&server.mappath(mydata_path)
10      conn.open                                        '打开数据连接
11  %>
```

图 8.2.8　建立数据连接的代码

添加打开记录集的代码，如图 8.2.9 所示。

```
13   <%'打开记录集的代码
14       Set rs = server.CreateObject("adodb.recordset")  '初始化记录集
15       sql = "select * from down where id="&aspID&""      '设置记录集连接SQL
16       rs.Open sql, conn, 1, 3                            '打开记录集
17       aspPath=rs("img")                                 '获取图片路径
18
19   %>
```

图 8.2.9　打开记录集的代码

添加删除文件及数据库中对应记录的代码，如图 8.2.10 所示。

```
21   <%
22       filePath=Server.MapPath(aspPath)                        '获取文件绝对路径
23       Set fso = CreateObject("Scripting.FileSystemObject")    '初始化文件对象
24       if fso.FileExists(filePath) then                        '判断文件是否存在
25
26           fso.DeleteFile(filePath)                            '删除文件
27           Response.Write ("<script>alert('文件删除成功');</script>")
28       else
29           Response.Write ("<script>alert('该文件不存在');</script>")
30       end if
31       Set fso = nothing                                       '释放文件变量
32
33       rs.delete()                                             '删除记录集中当前记录
34       rs.update()                                             '用记录集更新数据库
35       Response.Write ("<script>alert('记录删除成功');window.navigate('fileList.asp');</script>")
36   %>
```

图 8.2.10　删除文件及数据库中对应记录的代码

最后依次关闭记录集，释放记录集变量，关闭数据连接，释放数据连接变量，如图 8.2.11所示。

```
38  <%'关闭数据连接
39    rs.Close                                    '关闭记录集
40    Set rs = Nothing    '释放记录集变量
41    conn.Close          '关闭数据连接
42    Set conn = Nothing  '释放数据连接变量
43  %>
44
```

图 8.2.11 关闭记录集和数据连接并将它们释放

步骤 4：任务测试

在浏览器中浏览 "asp 项目 8\uploadFile.html"，效果如图 8.2.12 所示，上传一个本地文件。

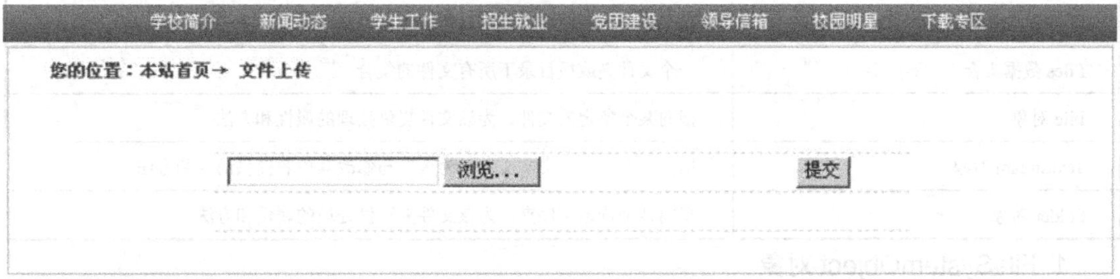

图 8.2.12 测试上传文件

上传后，在浏览器中浏览 "asp 项目 8\fileList.asp"，如图 8.2.13 所示。

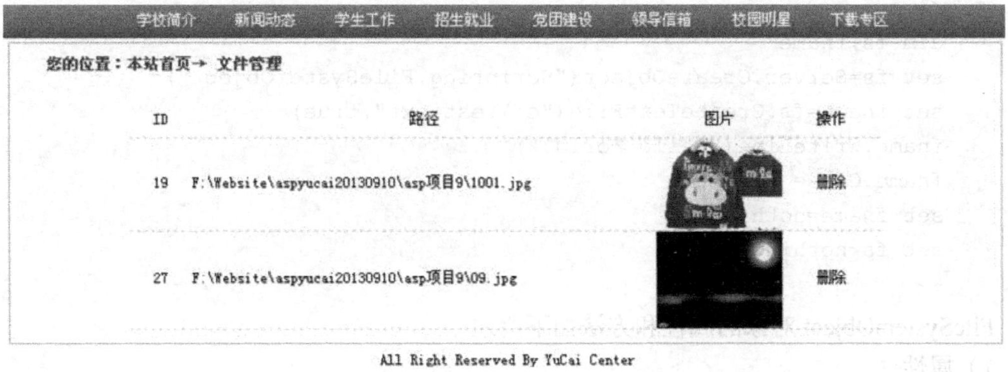

图 8.2.13 上传文件列表

单击其中一条记录右边的"删除"链接，最后显示结果如图 8.2.14 所示。

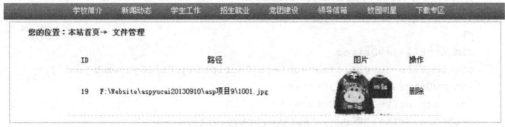

图 8.2.14 删除指定文件后的文件列表

提示：因为本地计算机的环境不同，所以图片及图片的 ID 会略有区别。

▌ 知识扩展

ASP 文件的操作

ASP 中提供了一系列可以对文件系统进行操作的集合和对象。通过调用这些集合和对象所对应的方法和属性，可以实现对服务器端的文件系统的操作。ASP 中提供的文件系统中相关的集合和对象主要如下所述。

集合/对象	描　述
Drives 数据集合	服务器上所有可用驱动器的集合
Drive 对象	指向某个特定驱动器，为该驱动器提供处理的属性和方法
Folders 数据集合	某个文件夹或驱动器根目录所有子文件夹的集合
Files 数据集合	一个文件夹或根目录下所有文件的集合
File 对象	指向某个特定的文件，为该文件提供处理的属性和方法
TextStream 对象	指向一个打开的文本文件，为读取与修改其内容提供属性和方法
Folder 对象	指向某个特定文件夹，为该文件夹提供处理的属性和方法

1. FileSystemObject 对象

FileSystemObject 对象被用来访问服务器上的文件系统。这个对象能够处理文件、文件夹和目录路径。也可以用它来检索文件系统信息。

例如，创建一个文本文件，并写入一些文本，代码如下：

```
<%
dim fs,fname
set fs=Server.CreateObject("Scripting.FileSystemObject")
set fname=fs.CreateTextFile("c:\test.txt",true)
fname.WriteLine("Hello World!")
fname.Close
set fname=nothing
set fs=nothing
%>
```

FileSystemObject 对象的属性和方法如下所述。

1）属性

Drives：返回计算机上关于所有 Drive 对象的集合。

语法格式：

```
[Drives=] FileSystemObject.Drives
```

例如，列出当前计算机的驱动器，代码如下：

```
<%
dim objFile,myDrives
set objFile=server.createobject("Scripting.FileSystemObject")
set myDrives=objFile.Drives
for each Drive in myDrives
response.Write "驱动器："&Drive.Driveletter&"<br>"
next
%>
```

2）FileSystemObject 的常用方法

方　　法	描　　述
BuildPath	为已存在的路径增加一个名字
CopyFile	从一处复制一个或多个文件到另一处
CopyFolder	从一处复制一个或多个文件夹到另一处
CreateFolder	创建一个新的文件夹
CreateTextFile	创建一个文本文件并返回一个 TextStream 对象，用来读/写所创建的文件
DeleteFile	删除一个或多个指定的文件
DeleteFolder	删除一个或多个指定的文件夹
DriveExists	检查指定的驱动器是否存在
FileExists	检查指定的文件是否存在
FolderExists	检查指定的文件夹是否存在
GetAbsolutePathName	返回指定路径的完整路径
GetBaseName	返回指定路径中文件或文件夹的基本名
GetDrive	返回一个由 drivespec 参数指定的 Drive 对象
GetDriveName	返回一个包含指定路径的驱动器名的字符串
GetExtensionName	返回一个包含指定路径中最后部分的文件的文件扩展名的字符串
GetFile	返回一个关于指定路径的文件对象
GetFileName	返回一个包含指定路径中最后部分的文件名或文件夹名的字符串
GetFolder	返回一个关于指定路径的文件夹对象
GetParentFolderName	返回指定路径中最后部分的父文件夹名
GetSpecialFolder	返回 Windows 某个特定文件夹的路径
GetTempName	返回一个随机生成的临时文件或文件夹
MoveFile	将一个或多个文件从一处移动到另一处
MoveFolder	将一个或多个文件夹从一处移动到另一处
OpenTextFile	打开一个指定的文件并返回一个 TextStream 对象，用来读/写所打开的文件

（1）BuildPath 方法：为已存在的路径增加一个名字。

语法格式：

```
[newpath=] FileSystemObject.BuildPath(path,name)
```

参数：

path，必需的路径。

name，所要增加的名字。

例如：

```
<%
dim fs,path
set fs=Server.CreateObject("Scripting.FileSystemObject")
path=fs.BuildPath("c:\mydocuments","test.asp")
response.Write(path)
set fs=nothing
%>
```

输出：c:\mydocuments\test

（2）CopyFile 方法：从一处复制一个或多个文件到另一处。

语法格式：

```
FileSystemObject.CopyFile  source,destination[,overwrite]
```

参数：

source，必需的，是所要复制的文件。

destination，必需的，是要复制到的目的地。

overwrite，可选的，是个布尔值，它指出是否覆盖已存在的文件。True 表示覆盖，False 表示不覆盖。默认为 True。

例如：

```
<%
dim fs
set fs=Server.CreateObject("Scripting.FileSystemObject")
fs.CopyFile "c:\web\*.htm","c:\webpages\"
set fs=nothing
%>
```

说明：该方法不能自行创建路径，在复制前，路径必须存在。

（3）CopyFolder 方法：从一处复制一个或多个文件夹到另一处。

语法格式：

```
FileSystemObject.CopyFolder source,destination[,overwrite]
```

参数：

source，必需的，是所要复制的文件夹。

destination，必需的，是要复制到的目的地。

overwrite，可选的，是个布尔值，它指出是否覆盖已存在的文件。True 表示覆盖，False 表示不覆盖。默认为 True。

例如：

```
<%
dim fs   '复制多个文件
set fs=Server.CreateObject("Scripting.FileSystemObject")
fs.CopyFolder "c:\web\*","c:\webpages\"
set fs=nothing%>
```

或：

```
<%
dim fs   '复制目录或者单个文件
set fs=Server.CreateObject("Scripting.FileSystemObject")
fs.CopyFolder "c:\web\test","c:\webpages\"
set fs=nothing%>
```

（4）CreateFolder 方法：创建一个新的文件夹。

语法格式：

```
FileSystemObject.CreateFolder(name)
```

参数：

name，必需的，是要创建的文件夹的名字。

```
<%
dim fs,f
```

```
set fs=Server.CreateObject("Scripting.FileSystemObject")
set f=fs.CreateFolder("c:\asp")
set f=nothing
set fs=nothing
%>
```

（5）CreateTextFile 方法：在当前文件夹下创建一个新的文本文件，并返回一个 TextStream 对象，用来读/写所创建的文件。

语法格式：

```
FileSystemObject.CreateTextFile(filename[,overwrite[,unicode]])
FolderObject.CreateTextFile(filename[,overwrite[,unicode]])
```

参数：

filename，必需的，是所要创建的文件的名字。

overwrite，可选的，是一个布尔值，指出是否覆盖已存在的文件。True 表示覆盖，False 表示不覆盖。默认为 True。

unicode，可选的，为一个布尔值，指出所创建的文件是 unicode 文件还是 ASCII 文件。True 表示是 unicode 文件，False 表示是 ASCII 文件。默认是 False。

例如：

```
<%dim fs,tfile      '直接创建文件
set fs=Server.CreateObject("Scripting.FileSystemObject")
set tfile=fs.CreateTextFile("c:\somefile.txt")
tfile.WriteLine("Hello World!")
tfile.close
set tfile=nothing
set fs=nothing%>
```

或：

```
<%' 先获取目录，再创建文件的例子
dim fs,fo,tfile
Set fs=Server.CreateObject("Scripting.FileSystemObject")
Set fo=fs.GetFolder("c:\web")
Set tfile=fo.CreateTextFile("test.txt",false)
tfile.WriteLine("Hello World!")
tfile.Close
set tfile=nothing
set fo=nothing
set fs=nothing%>
```

（6）DeleteFile 方法：删除一个或多个指定的文件。

注意：如果试图删除不存在的文件将会发生错误。

语法格式：

```
FileSystemObject.DeleteFile(filename[,force])
```

参数：

filename，必需的，是所要删除的文件的名字。

force，可选的，是一个布尔值，表示是否删除只读文件。True 表示删除，False 表示不

删除。默认是 False。

例如：

```
<%dim fs
Set fs=Server.CreateObject("Scripting.FileSystemObject")
fs.CreateTextFile "c:\test.txt",True
if fs.FileExists("c:\test.txt") then
fs.DeleteFile("c:\test.txt")
end if
set fs=nothing%>
```

（7）DeleteFolder 方法：删除一个或多个指定的文件夹。

注意： 如果试图删除不存在的文件夹将会发生错误。

语法格式：

```
FileSystemObject.DeleteFolder(foldername[,force])
```

参数：

foldername，必需的，是所要删除的文件的名字。

force，可选的，是一个布尔值，表示是否删除只读文件夹。True 表示删除，False 表示不删除。默认是 False。

例如：

```
<%
dim fs
set fs=Server.CreateObject("Scripting.FileSystemObject")
if fs.FolderExists("c:\asp") then
fs.DeleteFolder("c:\asp")
end if
set fs=nothing
%>
```

（8）DriveExists 方法：返回一个布尔值，表明指定的驱动器是否存在。True 表示存在，False 表示不存在。

语法格式：

```
FileSystemObject.DriveExists(drive)
```

参数：

drive，必需的，是一个驱动器符或一完整的路径描述。

例如：

```
<%
dim fs
set fs=Server.CreateObject("Scripting.FileSystemObject")
if fs.DriveExists("c:")=true then
response.Write("Drive c: exists!")
else
response.Write("Drive c: does not exist.")
end if
set fs=nothing
%>
```

（9）FileExists 方法：返回一个布尔值，表明指定的文件是否存在。True 表示存在，False 表示不存在。

语法格式：

```
FileSystemObject.FileExists(filename)
```

参数：

filename，必需的，是所要检查的文件的名字。

例如：

```
<%
dim fs
set fs=Server.CreateObject("Scripting.FileSystemObject")
if fs.FileExists("c:\asp\introduction.asp")=true then
response.Write("File c:\asp\introduction.asp exists!")
else
response.Write("File c:\asp\introduction.asp does not exist!")
end if
set fs=nothing
%>
```

（10）FolderExists 方法：返回一个布尔值，表明指定的文件夹是否存在。True 表示存在，False 表示不存在。

语法格式：

```
FileSystemObject.FolderExists(foldername)
```

参数：

foldername，必需的，是所要检查的文件夹的名字。

例如：

```
<%
dim fs
set fs=Server.CreateObject("Scripting.FileSystemObject")
if fs.FolderExists("c:\asp")=true then
response.Write("Folder c:\asp exists!")
else
response.Write("Folder c:\asp does not exist!")
end if
set fs=nothing
%>
```

（11）GetAbsolutePathName 方法：返回指定路径的完整路径。

语法格式：

```
FileSystemObject.GetAbsolutePathName(path)
```

参数：

path，必需的，是要转换为绝对路径的路径。

例如：

```
<%
dim fs,path
```

```
set fs=Server.CreateObject("Scripting.FileSystemObject")
path=fs.GetAbsolutePathName("..\..\")
response.Write(path)
path=fs.GetAbsolutePathName("mydoc.txt")
response.Write(path)
path=fs.GetAbsolutePathName("private\mydoc.txt")
response.Write(path)
%>
```

（12）GetBaseName 方法：返回指定路径中文件或文件夹的基本名。

语法格式：

```
FileSystemObject.GetBaseName(path)
```

参数：

path，必需的，是文件或文件夹的路径。

例如：

```
<%
dim fs
set fs=Server.CreateObject("Scripting.FileSystemObject")
response.Write(fs.GetBaseName("c:\winnt\cursors\3dgarro.cur"))
set fs=nothing
%>
```

输出:3dgarro

（13）GetDrive 方法：返回一个由 drivespec 参数指定的 Drive 对象。

语法格式：

```
FileSystemObject.GetDrive(drivespec)
```

参数：

drivespec，必需的，可以是一个驱动器符（c），或后跟冒号的驱动器符（c:），或后跟冒号和路径分隔符的驱动器符（c:\），又或是网络共享说明（\\computer2\snarel）。

例如：

```
<%
dim fs,d
set fs=Server.CreateObject("Scripting.FileSystemObject")
set d=fs.GetDrive("c:\")
set fs=nothing
%>
```

（14）GetDriveName 方法：返回一个包含指定路径的驱动器名的字符串。

语法格式：

```
FileSystemObject.GetDriveName(path)
```

参数：

path，必需的，是指定的路径。

例如：

```
<%
dim fs,dname
```

```
set fs=Server.CreateObject("Scripting.FileSystemObject")
dname=fs.GetDriveName("c:\test\test.htm")
response.Write(dname)
set fs=nothing
%>
```

输出：c:

（15）GetExtensionName 方法：返回一个包含指定路径中最后部分的文件的文件扩展名的字符串。

语法格式：

```
FileSystemObject.GetExtensionName(path)
```

参数：

path，必需的，是指定的路径。

例如：

```
<%
dim fs
set fs=Server.CreateObject("Scripting.FileSystemObject")
response.Write(fs.GetExtensionName("c:\test\test.htm"))
set fs=nothing
%>
```

输出：htm

（16）GetFile 方法：返回关于指定路径的一个文件对象。

语法格式：

```
FileSystemObject.GetFile(path)
```

参数：

path，必需的，是关于特定文件的路径。

例如：

```
<%
dim fs,f
set fs=Server.CreateObject("Scripting.FileSystemObject")
set f=fs.GetFile("c:\web\test\csb.log")
response.Write("The file was last modified on: ")
response.Write(f.DateLastModified)
set f=nothing
set fs=nothing
%>
```

（17）GetFileName 方法：返回一个包含指定路径中最后部分的文件名或文件夹名的字符串。

语法格式：

```
FileSystemObject.GetFileName(path)
```

参数：

path，必需的，是关于特定文件或文件夹的路径。

例如：

```
<%
dim fs,p
set fs=Server.CreateObject("Scripting.FileSystemObject")
p=fs.getfilename("c:\test\test.htm")
'p=fs.getfilename("c:\test\")    '也可以是路径
response.Write(p)
set fs=nothing
%>
```

（18）GetFolder 方法：返回一个关于指定路径的一个文件夹对象。

语法格式：

```
FileSystemObject.GetFolder(path)
```

参数：

path，必需的，是关于一特定文件夹的路径。

例如：

```
<%
dim fs,f
set fs=Server.CreateObject("Scripting.FileSystemObject")
set f=fs.GetFolder("c:\web\test\")
response.Write("The folder was last modified on: ")
response.Write(f.DateLastModified)
set f=nothing
set fs=nothing
%>
```

（19）GetParentFolderName 方法：返回指定路径中最后部分的父文件夹名。

语法格式：

```
FileSystemObject.GetParentFolderName(path)
```

参数：

path，必需的，是要返回其父文件夹名的文件或文件夹的路径。

例如：

```
<%
dim fs,p
set fs=Server.CreateObject("Scripting.FileSystemObject")
p=fs.GetParentFolderName("c:\web\test\csb.log")
response.Write(p)
set fs=nothing
%>
```

（20）GetSpecialFolder 方法：返回 Windows 某个特定文件夹的路径。

语法格式：

```
FileSystemObject.GetSpecialFolder(foldername)
```

参数：

foldername，必需的，取值说明如下所示。

0=WindowsFolder（包含被 Windows 操作系统安装的文件）。

1=SystemFolder（包含库、字体和设备驱动程序）。

2=TemporaryFolder（用来存储临时文件）。

例如：

```
<%
dim fs,p
set fs=Server.CreateObject("Scripting.FileSystemObject")
set p=fs.GetSpecialFolder(2)
response.Write(p)
set p=nothing
set fs=nothing
%>
```

（21）GetTempName 方法：返回一个随机生成的临时文件或文件夹。

语法格式：

```
FileSystemObject.GetTempName
```

例如：

```
<%
dim fs,tfolder,tname, tfile
Set fs=Server.CreateObject("Scripting.FileSystemObject")
tname=fs.GetTempName
response.Write (tname)
%>
```

（22）MoveFile 方法：将一个或多个文件从一处移动到另一处。

语法格式：

```
FileSystemObject.MoveFile source,destination
```

参数：

source，必需的，是要被移动的文件的路径。

destination，必需的，是所要移动到的位置。

例如：

```
<%
dim fs
set fs=Server.CreateObject("Scripting.FileSystemObject")
fs.MoveFile "c:\web\*.gif","c:\images\"
set fs=nothing
%>
```

（23）MoveFolder 方法：将一个或多个文件夹从一处移动到另一处。

语法格式：

```
FileSystemObject.MoveFolder source,destination
```

参数：

source，必需的，是要被移动的文件夹的路径。

destination，必需的，是所要移动到的位置。

例如：

```
<%
dim fs
set fs=Server.CreateObject("Scripting.FileSystemObject")
fs.MoveFolder "c:\web\test","c:\webpages\"
set fs=nothing
%>
```

（24）OpenTextFile 方法：打开一个指定的文件并返回一个 TextStream 对象，用来读/写所打开的文件。

语法格式：

```
FileSystemObject.OpenTextFile(fname,mode,create,format)
```

参数：

fname，必需的，是要打开的文件的名字。

mode，可选的，表示以什么方式打开。

1=ForReading（以只读方式打开）。

2=ForWriting （以写方式打开）。

8=ForAppending（以添加方式打开，写入的内容将添加到文件末尾）。

create，可选的，如果所打开的文件不存在，判断是否创建该文件。True 表示创建，False 表示不创建。默认是 False。

format，可选的，表示文件的格式。

0=TristateFalse（以 ASCII 格式打开，这是默认的）。

-1=TristateTrue（以 unicode 格式打开）。

-2=TristateUseDefault （以系统默认方式打开）。

例如：

```
<%
dim fs,f
set fs=Server.CreateObject("Scripting.FileSystemObject")
set f=fs.OpenTextFile(Server.MapPath("testread.txt"),8,true)
f.WriteLine("This text will be added to the end of file")
f.Close
set f=Nothing
set fs=Nothing
%>
```

任务三　目录管理

‖ 任务描述

　　为方便对网站进行管理，学校决定为网站中注册的每个用户建立一个目录，用于保存用户的临时文件。请网站管理员设计相关的 ASP 程序，为用户建立目录，并删除无效的目录。

▍▍ 任务要求

- 用 ASP 编程语言建立目录，删除目录。
- 把建立目录的路径保存到数据库中。
- 从数据库中读取目录的信息。
- 能够删除指定目录。

▍▍ 知识准备

目录的建立和删除也是通过 FileSystemObject 对象来完成的。FileSystemObject 有很多方法，其中 CreateFolder 方法是用来建立文件夹的，DeleteFolder 方法是用来删除文件夹的。

建立文件夹的示例代码如下：

```
<%
dim fs,f
set fs=Server.CreateObject("Scripting.FileSystemObject")
set f=fs.CreateFolder("c:\asp")
set f=nothing
set fs=nothing
%>
```

删除文件夹的示例代码如下：

```
<%
dim fs
set fs=Server.CreateObject("Scripting.FileSystemObject")
if fs.FolderExists("c:\temp") then
fs.DeleteFolder("c:\temp")
end if
set fs=nothing
%>
```

▍▍ 工作过程

步骤 1：创建目录表单

打开"asp 项目 8\model.html"，另存为 madeDir.html，保存的位置为"asp 项目 8"。也可以新建 madeDir.hrml 文件，如图 8.3.1 所示。

图 8.3.1 新建目录界面

其中表单参数的属性如图 8.3.2 所示。

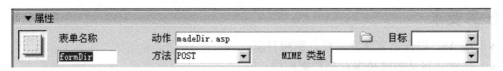

图 8.3.2　表单参数的属性

表单中文本框的属性如图 8.3.3 所示。

图 8.3.3　表单中文本框的属性

步骤 2：编写创建目录的代码

新建一个 ASP 文件，保存为"madeDir.asp"，保存路径为"asp 项目 8"。切换到代码视图，删除自动产生的代码。添加创建目录的相关代码，如图 8.3.4 所示。

```
2  <%dim aspDirName,nowPath,allPath          '定义变量
3  aspDirName=request("textDirName")          '获取传递过来的目录名称
4  nowPath=Server.MapPath(".")                '获取当前目录的绝对路径
5  allPath=nowPath&"\"&aspDirName             '拼装所建目录的绝对路径
6  mDir=makeDir(allPath)                      '调用函数makeDir()，建立目录
7  %>
```

图 8.3.4　创建目录

编写建立目录的函数，如图 8.3.5 所示。

```
10  <%' 函数makeDir(dirName)，用于建立一个目录，dirName为绝对路径
11  function makeDir(dirName)       '文件夹名称,文件夹路径
12      dim fso                     '定义一个文件系统变量
13      Set fso = CreateObject("Scripting.FileSystemObject")'初始化
14      if (fso.FolderExists(dirName)) Then '判断目录是否存在
15          msg = dirName & " 已经存在."      '保存目录存在的信息
16      else
17          Set f = fso.CreateFolder(dirName)'建立目录
18          msg = dirName & " 创建成功."      '保存创建成功信息
19      end if
20      response.Write(msg)                  '输出最后显示信息
21      makeDir=dirName&"\"                  '返回所创建目录的值
22  end function                             '函数结束
23  %>
```

图 8.3.5　编写建立目录函数

步骤 3：测试程序运行结果

在浏览器中浏览"asp 项目 8\madeDir.html"，效果如图 8.3.6 所示。

在目录名称文本框中输入"xyz"，单击"新建"按钮，提示目录创建成功，如图 8.3.7 所示。

在资源管理器中打开"asp 项目 8"文件夹，可以看到新建的 xyz 目录，如图 8.3.8 所示。

步骤 4：将建立目录的信息保存到数据库中

打开 madeDir.asp，编写数据连接的代码，如图 8.3.9 所示。

编写打开数据集的相关代码，如图 8.3.10 所示。

为新增加的记录设置字段值，如图 8.3.11 所示。

图 8.3.6 测试建立目录

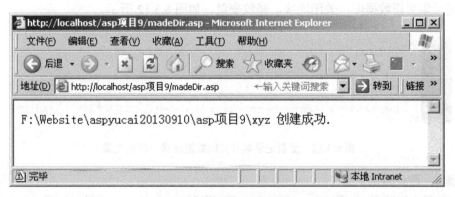

图 8.3.7 目录创建成功提示

图 8.3.8 已经创建的目录

```
25  <%'建立数据连接的代码
26      dim conn
27      set conn=server.createobject("adodb.connection")
28      mydata_path = "./db/2008.mdb"  '设置数据库的相对地址
29      conn.connectionstring="provider=microsoft.jet.oledb.4.0;"&"data source="&server.mappath(mydata_path)
30      conn.open
31  %>
```

图 8.3.9　建立数据连接

```
33  <%'打开数据集的代码
34      Set rs = server.CreateObject("adodb.recordset")
35      sql = "select * from down"     '设置记录集连接的SQL语句
36      rs.Open sql, conn, 1, 3        '打开记录集
37      rs.addnew                      '为记录集添加新记录
38  %>
```

图 8.3.10　打开数据集

```
40  <%'为新增加的记录设置字段值
41      rs("name")=aspDirName'设置name列值
42      rs("down_class")=4   '设置down_class列值，4代表文件夹
43      rs("img") = allPath
44  %>
```

图 8.3.11　为新增加的记录设置字段值

用记录集更新数据库，关闭连接，释放变量，如图 8.3.12 所示。

```
46  <%'更新记录集及关闭数据连接
47      rs.update           '更新记录集
48      rs.Close            '关闭记录集
49      Set rs = Nothing    '释放记录集变量
50      conn.Close          '关闭数据连接
51      Set conn = Nothing  '释放数据连接变量
52      Response.Write "<script language=javascript>alert('记录添加成功！');</script>"
53  %>
```

图 8.3.12　更新记录集并关闭数据连接，释放变量

步骤 5：测试数据记录

在浏览器中浏览"asp 项目 8\madeDir.html"，新增加一个 xyzabc 目录，如图 8.3.13 所示。

图 8.3.13　新建目录测试

提示记录添加成功，提示效果如图 8.3.14 所示。

图 8.3.14　记录添加成功提示

打开"asp 项目 8\db\2008.mdb",查看 down 表,一条记录添加成功,如图 8.3.15 所示。

图 8.3.15 down 表中的记录

步骤 6:建立文件夹显示列表

新建一个 ASP 文件,保存为"dirList.asp",保存路径为"asp 项目 8"。打开"asp 项目 8\model.html",切换到代码视图,选择 <html></html> 标签对及其中的代码,替换 "fileList.asp"文件中的 <html></html> 标签对。切换到设计视图,如图 8.3.16 所示。

图 8.3.16 网页素材

将光标定位在"文件上传"下方的单元格内,插入如图 8.3.17 所示的表格。

ID	路径	操作

All Right Reserved By YuCai Center

图 8.3.17 添加表格

切换到代码视图。为数据编写相关的代码。在表格的代码前添加数据连接的代码和打开数据集的代码,如图 8.3.18 所示。

```
26  <%'建立数据连接的代码
27      dim conn, rs                                      '定义数据连接和数据集变量
28      set conn=server.createobject("adodb.connection")  '初始化数据连接变量
29      mydata_path = "./db/2008.mdb"                     '设置数据库的相对地址
30      conn.connectionstring="provider=microsoft.jet.oledb.4.0;"&"data source="&server.mappath(mydata_path)
31      conn.open                                         '打开数据连接
32  %>
33
34  <%'打开数据集的代码
35      Set rs = server.CreateObject("adodb.recordset")   '初始化数据集变量
36      sql = "select * from down where down_class=4"      '设定数据连接SQL语句
37      rs.Open sql, conn, 1, 3                            '打开数据集连接
38  %>
```

图 8.3.18　建立数据连接和打开数据集的代码

提示：down_class 代表的是数据上传的类型，此列值为 4，代表保存的是文件夹的信息。

为表单的第二行添加各列对应的从数据库中获取的数据。显示记录集中数据的代码如图 8.3.19 所示。

```
40  <table width="500" border="0" align="center" cellpadding="0" cellspacing="0">
41    <tr>
42      <td width="50"><div align="center">ID</div></td>
43      <td><div align="center">路径</div></td>        读取数据的代码
44      <td width="100"><div align="center">操作</div></td>
45    </tr>
46
47    <%do while not rs.eof%>
48    <tr>
49      <td><%=rs("id")%></td>
50      <td><%=rs("img")%></td>
51      <td><div align="center"><a href="dirDele.asp?id=<%=rs("id")%>">删除</a></div></td>
52    </tr>
53    <%rs.movenext
54    loop%>
55  </table>
```

图 8.3.19　显示记录集中数据的代码

设计视图如图 8.3.20 所示。

图 8.3.20　设计视图

步骤 7：制作删除目录的链接

设置删除的链接代码，如图 8.3.21 所示。

```
48  <tr>
49    <td><%=rs("id")%></td>
50    <td><%=rs("img")%></td>
51    <td><div align="center"><a href="dirDele.asp?id=<%=rs("id")%>">删除</a></div></td>
52  </tr>
```

图 8.3.21　删除链接的代码

步骤 8：编写删除目录的代码

新建一个 ASP 文件，保存为"dirDele.asp"，保存路径为"asp 项目 8"文件夹。切换到代码视图，删除自动产生的代码。

添加删除文件的代码，如图 8.3.22 至图 8.3.26 所示。

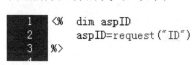

```
1   <%    dim aspID                                    '定义接受ID的变量
2         aspID=request("ID")                          '获取传递的变量
3   %>
4
```

图 8.3.22 获取传递过来的 ID

```
5   <%'建立数据连接的代码
6       dim conn, rs                                   '定义数据连接和记录集变量
7       set conn=server.createobject("adodb.connection")'初始化数据连接
8       mydata_path = "./db/2008.mdb"   '设置数据库的相对地址
9       conn.connectionstring="provider=microsoft.jet.oledb.4.0;"&"data source="&server.mappath(mydata_path)
10      conn.open                                      '打开数据连接
11  %>
```

图 8.3.23 建立数据连接的代码

```
13  <%'打开记录集的代码
14      Set rs = server.CreateObject("adodb.recordset") '初始化记录集
15      sql = "select * from down where id="&aspID&""    '设置记录集连接SQL
16      rs.Open sql, conn, 1, 3                          '打开记录集
17      aspPath=rs("img")                               '获取文件夹路径
18
19  %>
```

图 8.3.24 打开记录集的代码

```
21  <%    '判断文件夹是否存在
22      dim fso
23      Set fso = CreateObject("Scripting.FileSystemObject")   '初始化文件对象
24      response.Write(aspPath)                                '显示当前操作对象
25      if fso.FolderExists(aspPath) then                      '判断文件夹是否存在
26          response.Write("目标文件夹存在")
27          fso.DeleteFolder(aspPath)                          '文件夹不必为空
28          Response.Write ("<script>alert('文件夹删除成功');</script>")
29      else
30          Response.Write ("<script>alert('该文件夹不存在');</script>")
31      end if
32      set fso = nothing
33
34      rs.delete()                                            '删除记录集中当前记录
35      rs.update()                                            '用记录集更新数据库
36      Response.Write ("<script>alert('记录删除成功');window.navigate('dirList.asp');</script>")
37  %>
```

图 8.3.25 删除记录集中的记录

```
38  <%'关闭数据连接
39      rs.Close                                        '关闭记录集
40      Set rs = Nothing    '释放记录集变量
41      conn.Close          '关闭数据连接
42      Set conn = Nothing  '释放数据连接变量
43  %>
44
```

图 8.3.26 关闭记录集和数据连接并将它们释放

步骤 9：任务测试

在浏览器中浏览"asp 项目 8\madeDir.html"，新建一个目录，效果如图 8.3.27 所示。

图 8.3.27　建立目录

新建后，在浏览器中浏览"asp 项目 8\dirList.asp"，如图 8.3.28 所示。

提示：可以对代码进行修改，当新建目录成功后，直接跳转到 dirList.asp 页面。

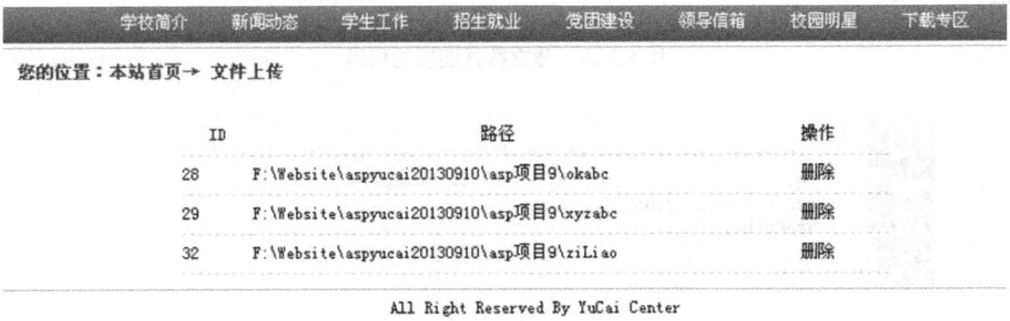

ID	路径	操作
28	F:\Website\aspyucai20130910\asp项目9\okabc	删除
29	F:\Website\aspyucai20130910\asp项目9\xyzabc	删除
32	F:\Website\aspyucai20130910\asp项目9\ziLiao	删除

图 8.3.28　建立目录的列表

单击其中一条目录右边的"删除"链接，如最后一条目录。最后显示结果如图 8.3.29 所示。

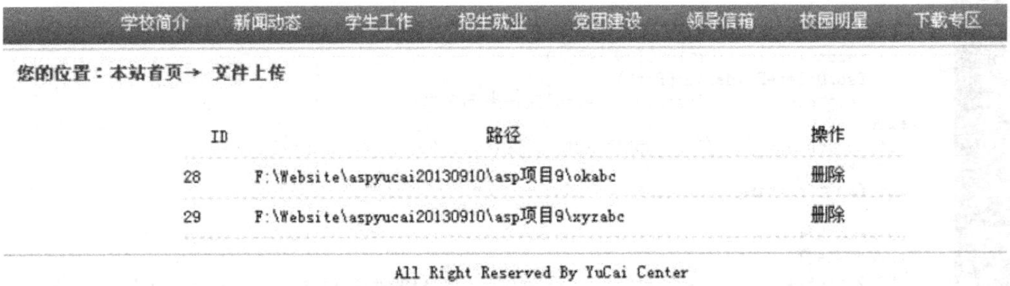

ID	路径	操作
28	F:\Website\aspyucai20130910\asp项目9\okabc	删除
29	F:\Website\aspyucai20130910\asp项目9\xyzabc	删除

图 8.3.29　删除目录后的列表

知识扩展

知识点：Drive 对象

Drive 对象被用来返回关于本地磁盘驱动器或网络共享的信息。Drive 对象能够返回关于一个驱动器的文件系统类型、空闲空间、序列号、卷名和更多的其他信息。

注意：不能用 Drive 对象返回驱动器的内容信息，应使用 Folder 对象。

要使用 Drive 对象的属性来工作，则必须通过 FileSystemObject 对象来创建 Drive 对象的实例。首先，创建一个 FileSystemObject 对象，然后通过 GetDrive 方法或 FileSystemObject 对象的 Drives 属性来实例化一个 Drive 对象。

下面的例子使用了 FileSystemObject 对象的 GetDrive 方法来实例化一个 Drive 对象，并且用 TotalSize 来返回指定驱动器（c:）的总容量（以字节为单位）。

```
<%
Dim fs,d
Set fs=Server.CreateObject("Scripting.FileSystemObject")
Set d=fs.GetDrive("c:")
response.Write("Drive " & d & ":")
response.Write("Total size in bytes: " & d.TotalSize)
set d=nothing
set fs=nothing
%>
```

Drive 对象的属性说明如下：

属　　性	描　　述
AvailableSpace	返回一个用户在指定驱动器或网络共享上可用的空间总数
DriveLetter	返回标志本地驱动器或网络共享的大写字母
DriveType	返回一个指定驱动器的类型
FileSystem	返回一个指定驱动器所用的文件系统
FreeSpace	返回一个用户在指定驱动器或网络共享上空闲的空间总数
IsReady	返回指定驱动器是否准备好，True 为是，False 为否
Path	返回指定的驱动器、文件夹或文件的路径
RootFolder	返回一个 Folder 对象，它代表一个指定驱动器的根文件夹
SerialNumber	返回指定驱动器的序列号
ShareName	返回一个指定驱动器的网络共享名
TotalSize	返回指定驱动器或网络共享的总容量
VolumeName	设置或返回指定驱动器的卷名

 课后习题

1. 选择题

（1）以下方法中，不属于文件系统对象的是（　　）。

    A. CreateTextFile　　　　　　　　　　B. OpenTextFile

    C. FileExists　　　　　　　　　　　　D. WriteLine

（2）按系统默认文件格式以写方式打开 c:\autoexec.bat 文件，则实现的语句为（　　）。

    A. txtStream=FSO.OpenTextFile("c:\autoexec.bat",2,False,-2)

    B. Set txtStream=FSO.OpenTextFile("c:\autoexec.bat",2,False,-2)

    C. Set txtStream=FSO.OpenTextFile("c:\autoexec.bat",1,False,-2)

    D. txtStream=FSO.OpenTextFile("c:\autoexec.bat",1,False,-2)

（3）若要读取 autoexec.bat 文件中第 2 行的内容，以下方法中不需要的是（　　　）。

    A. ReadLine   B. SkipLine

    C. ReadAll   D. Close

（4）以下方法中，不是文件系统对象所提供的方法的是（　　　）。

    A. CopyFile   B. MoveFile

    C. DeleteFile   D. Copy

（5）若要获得文件的大小，以下各项中不需要的是（　　　）。

    A. GetFile   B. CreateObject

    C. OpenTextFile   D. Size

（6）若要判断是否有 F 盘，以下各项中不需要的是（　　　）。

    A. DriveExists   B. CreatObject

    C. GetFile   D. Drive

2. 操作题

将任务三中建立的目录在数据库中默认保存为绝对路径，要求改为相对路径来保存，并保证目录的建立功能和删除功能可用。

项目九　制作简易网站计数器

核心技术

- Application 对象
- Session 对象
- #include 指令
- Global.asa 文件

任务目标

- 任务一：网站计数器的制作
- 任务二：记录用户登录状态并统计在线人数

能力目标

- 掌握 Application 对象的管理和使用
- 掌握 Session 对象的管理和使用
- 会用#include 指令引入文件
- 了解 Global.asa 文件的特性

项目背景

网站上线后，网站的内容开始充实，访问量也开始增加，网站运营方希望知道自己网站的具体访问量是多少，哪些内容是比较受欢迎的，网站的在线人数是多少等情况，这时就需要设计一个网站计数器来满足运营方的要求。

项目分析

对于网站计数器的设计，一般会涉及 Application 对象、Session 对象两方面的问题。Application 对象是对整个网站都有效的变量，而 Session 对象一般是对单个用户有效的变量。在具体应用的时候要分清哪些情况下需要使用哪种对象。一般对用户登录信息的保存需要使用 Session 对象，而对整个网站的计数器会使用 Application 对象。

项目目标

制作一个页面计数器，能够记录并显示该页面的访问次数；制作一个网站计数器，统计并显示整个网站所有页面被访问的次数；统计并输出网站的在线人数。

任务一　网站计数器的制作

任务描述

　　为统计学校网站中一些页面的使用频率，掌握网站中哪些页面更受欢迎，以便加强相关版块的管理与更新，需要记录一些网页的被访问次数。要求网站管理员为网站首页添加一个"网页计数器"，以便能够记录并显示此页被访问的次数，以及能够记录并显示不同网页被访问的次数。

任务要求

- Application 对象的理解和应用。
- Application 对象中变量的遍历。
- #include 指令的使用方法。

知识准备

1. Application 对象

　　一个 ASP 网站包含一个或多个 ASP 页面，这些 ASP 页面在一起协同工作。而 ASP 中的 Application 对象的作用是为这些 ASP 页面提供一个公共的存储空间。

　　Application 对象用于存储和访问来自任意页面的变量，类似 Session 对象。不同之处在于，所有的用户分享一个 Application 对象，而 Session 对象和用户的关系是一一对应的。这意味着人们可以从任意页面访问 Application 对象，也意味着人们可以在一个页面上改变这些信息，随后这些改变会自动反映到所有页面中，并且无论多少用户访问该网站，访问的都是同一个 Application 对象。

　　Application 对象常用的集合、方法和事件的描述如下。

名　称	描　述
Contents 集合	包含所有通过脚本命令添加到应用程序中的项目（如变量）
Contents.Remove 方法	从 Contents 集合中删除一个项目
Contents.RemoveAll 方法	从 Contents 集合中删除所有的项目
Lock 方法	锁定，防止其他用户修改 Application 对象中的变量
Unlock 方法	解除锁定，使其他用户可以修改 Application 对象中的变量
Application_OnEnd 事件	当所有用户的 Session 对象都结束或应用程序结束时，此事件发生
Application_OnStart 事件	当 Application 对象被首次引用时，此事件发生

　　在 Application 对象的 Contents 集合中添加一个项目，在每次执行程序时（即刷新页面）都增加 1，从而达到记录网页访问次数的目的。新建一个 ASP 文件，切换到代码视图，删除原来自动产生的代码，加入如图 9.1.1 所示的代码。

　　浏览页面可以看到一个数字，并且每次刷新这个数字都会增加 1。

　　在这段代码中，可以把"dianji"理解为 Application 对象里的一个变量，其完整代码如下：

```
Application.Contents("dianji")= Application.Contents("dianji")+1
```

【9-1-1.asp】

```
1  <%
2      Application("dianji")=Application("dianji")+1
3      '在Application对象的Contents集合中添加一个项目"dianji"
4      '并且每次执行程序都+1
5      response.Write(Application("dianji"))  '输出累加后的结果
6  %>
```

图 9.1.1　设置 Application 中的变量"dianji"

Application 中的数据会一直存储在服务器的内存中，直到服务器重启。如果超过 20 分钟（默认情况下）没有浏览器访问该程序，则 Application 中的变量也会清除。

也可以使用 Application 制作网站的计数器，但在实际开发中，应该把网站的访问记录数据存放在文本文件或数据库中，以便可以持续记录网站的访问次数。

2. 获取当前页面的目录和文件名

通过 Request 对象的 ServerVariable 集合中的"PATH_INFO"可以获得当前页面的目录和文件名，代码如下：

【9-1-2.asp】

```
<%
url=request.ServerVariables("PATH_INFO")
response.Write (url)
%>
```

运行效果如图 9.1.2 所示。

图 9.1.2　运行效果

工作过程

在具体的实现过程中，可以把单击次数统计的功能扩展到整个网站。首先，在测试页面中加入如图 9.1.3 所示的统计代码。

【9-2-a-1.asp】

```
1  <%
2      Dim url
3      url=request.ServerVariables("PATH_INFO")
4      Application(url)=Application(url)+1
5      response.Write(Application(url))  '根据实际情况决定是否显示单击次数
6  %>
```

图 9.1.3　根据 URL 设定统计变量

为了方便观察效果，可以多创建几个测试页面并加入统计代码。

统计页面，遍历 Application 对象的 Contents 集合，代码如下：

```
For i=1 to Application.Contents.Count
  response.Write(i & "=" & Application.Contents(i) & "<br />")
Next
```

或者用 For Each…Next 循环进行遍历，代码如图 9.1.4 所示。

【9-2-a.asp】

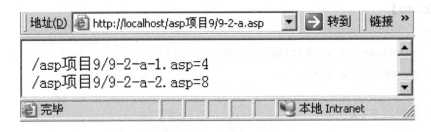

```
<%
For Each x in Application.Contents
  response.Write(x & "=" & Application.Contents(x) & "<br />")
Next
%>
```

图 9.1.4　遍历 Application 变量

先刷新数次 9-2-a-1.asp 等测试页面，然后浏览 9-2-a.asp，效果类似图 9.1.5。

地址(D) http://localhost/asp项目9/9-2-a.asp　转到　链接 »

/asp项目9/9-2-a-1.asp=4
/asp项目9/9-2-a-2.asp=8

完毕　　　　　　　　　　　　　　　　本地 Intranet

图 9.1.5　遍历变量显示的结果

在制作测试页面的时候，在每个页面中都插入了完全一样的统计代码，如果要修改统计代码则需要修改每个 ASP 页面，这样既麻烦又不便于维护。因此，可以使用 ASP 文件引用指令——#include 指令来解决这个问题。通过使用 #include 指令，可以在服务器执行 ASP文件之前，把另一个 ASP 文件插入这个文件中。#include 指令用于在多个页面上创建需要重复使用的函数、页眉、页脚或其他元素等。

创建一个名为 tongji.inc 的文件，内容如下：

【tongji.inc】

```
<%
Dim url
url=request.ServerVariables("PATH_INFO") '获取当前网页的目录和文件名
Application(url)=Application(url)+1
%>
```

创建若干个测试页面，在每个页面的<body></body>标签中插入以下代码：

```
<!--#include file="tongji.inc"-->
```

刷新数次测试页面，然后浏览 9-2-a.asp，可以看到效果和图 9.1.5 是相似的。

接下来对 tongji.inc 进行修改，以实现一个网站计数器。代码如下：

【tongji.inc】（修改后）

```
<%
Dim url
url=request.ServerVariables("PATH_INFO") '获取当前网页的目录和文件名
Application.Lock        '锁定 Application 对象，禁止其他用户修改该对象，确保同一
                         时刻只有一个用户修改该对象
Application(url)=Application(url)+1
Application.Unlock      '解锁（不要忘记），否则其他用户将无法修改该对象
Dim VisitCount          '记录网站访问总次数
VisitCount=0
For Each x in Application.Contents
VisitCount=VisitCount+Application(x)
Next
%>
```

创建一个页面显示统计数据，代码如图 9.1.6 所示。

【9-2-b.asp】

```
1  <!--#include file="tongji.inc"-->
2  <h1>网站访问数据</h1>
3  <%
4      For Each x in Application.Contents
5        response.Write(x & "单击次数为" & Application(x) & "<br />")
6      Next
7      response.Write("网站总单击次数为" &VisitCount & "<br />")
8      ' count变量是在tongji.inc中定义和赋值的，所以必须包含该文件
9  %>
```

图 9.1.6　页面显示统计数据的代码

运行结果如图 9.1.7 所示。为了简单起见，假设这个网站程序中 Application 对象的 Contents 集合只用于存储网站的访问数据，而在实际开发中 Application 对象还需要保存其他数据，所以要针对具体情况进行编程。

图 9.1.7　遍历变量后显示的结果

在 9-2-b.asp 的基础上制作一个美观的、用图片显示的计数器，最后效果如图 9.1.8 所示。

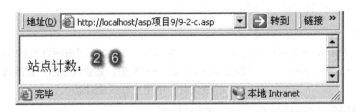

图 9.1.8　站点计数器的效果

首先要准备好数字图片素材，按其代表的数字分别命名为 0.gif，1.gif，…，9.gif，存放在 imgs 目录下，然后编写如图 9.1.9 所示的代码。

【9-2-c.asp】

```
1   <!--#include file="tongji.inc"-->
2   <%
3   response.Write("站点计数：")
4   Dim imgtag        '数字图片的标签模板
5   imgtag="<img src='imgs/x.gif' />"
6   VisitCountStr=Cstr(VisitCount)'把数字转换为字符串
7   For i=1 To Len(VisitCountStr)'Len函数返回字符串VisitCountStr的长度
8       num=Mid(VisitCountStr,i,1)  '从高位到低位截取数字
9       response.Write(Replace(imgtag,"x",num)) '把标签中的x替换为数字，并输出
10  Next
11  %>
```

图 9.1.9　站点计数器的代码

在实际开发过程中，通常会把站点的计数结果显示在页面底部，用以反映站点的受欢迎程度。

任务二　记录用户登录状态并统计在线人数

任务描述

编程实现，当每个用户访问网站时自动为其分配一个游客用户名在页面中显示出来，并统计当前网站的在线用户数。

任务要求

- Global.asa 中事件的含义。
- Application 在 Global.asa 中的应用。
- Session 在 Global.asa 中的应用。

知识准备

1. Session 对象

在网络应用程序的开发过程中存在一个问题：HTTP 协议是无状态的，也就是说，Web 服务器无法识别用户及用户的行为。为了解决这个问题，ASP 使用 Session 对象存储用户的信息。

Session 对象和 Application 对象类似，都可以实现在一个 ASP 网站中共享信息。不同之处在于，Session 对象用于保存单个用户的信息，每个用户访问到的 Session 对象是不同的，

而 Application 对象则是所有用户共享的。服务器会为每个新用户创建一个新的 Session，并在 Session 到期时撤销这个 Session 对象。

注意：Session 会占用服务器的资源，所以 Session 中不宜保存太多内容。

创建 Session 对象变量集合的语法格式：

```
Session.Contents("变量名")=变量内容
response.Write(Session.Contents ("变量名"))
```

或者可简化为：

```
Session ("变量名")=变量内容
response.Write(Session ("变量名"))
```

假如用户没有在规定的时间内在应用程序中请求或者刷新页面，则 Session 会结束，Session 变量会被撤销。这个规定的时间的默认值为 20 分钟。

如果开发人员希望将超时的时间间隔设置得更长或更短，则可以通过 TimeOut 属性来设置。例如，设置为 10 分钟：

```
Session.TimeOut=10
```

如果要立即结束 Session，如用户退出了登录，则可以使用 Abandon 方法：

```
Session.Abandon
```

Session 对象常用的集合、方法、属性和事件的描述如下：

名　　称	描　　述
Contents 集合	包含所有通过脚本命令添加到应用程序中的项目（如变量）
SessionID 属性	用于标志每一个 Session 对象
Contents.Remove 方法	从 Contents 集合中删除指定的项目
Contents.RemoveAll 方法	从 Contents 集合中删除所有的项目
TimeOut 属性	用于设置 Session 的超时时间，单位为分钟（默认为 20 分钟）
Abandon 方法	删除当前 Session，释放资源
Session_OnEnd 事件	结束 Session 对象（删除或超时）时触发的事件
Session_OnStart 事件	建立 Session 对象时触发的事件

2. Global.asa 文件

在 ASP 网站的开发中，Global.asa 是一个可选的文件，它包含了可被 ASP 网站中每个页面访问的对象、变量及方法的声明。Global.asa 文件必须存放于 ASP 网站的根目录中，且每个网站只能有一个 Global.asa 文件。

在 Global.asa 中，可以告知 Application 和 Session 对象在启动和结束时做什么事情。完成这项任务的代码被放置在事件操作器中。Global.asa 文件包含以下 4 种类型的事件。

事　件	说　明
Application_OnStart	此事件会在首位用户从 ASP 网站中调用第一个页面时发生
Application_OnEnd	此事件会在最后一位用户结束其 Session 之后发生。典型的情况是，此事件会在 Web 服务器停止时发生。此子程序用于在应用程序停止后清除设置，如删除记录或者向文本文件写信息
Session_OnStart	此事件会在新用户请求其 ASP 网站中的首个页面时发生
Session_OnEnd	此事件会在每个用户结束 Session 时发生。在规定的时间（默认为 20 分钟）内如果没有页面被请求，则 Session 会结束

▌▌ 工作过程

在网站的根目录创建一个 Global.asa 文件，内容如下：

【Global.asa】

```
<SCRIPT LANGUAGE="VBScript" RUNAT="Server">
Sub Session_OnStart ' 当用户首次运行 ASP 应用程序中的任何一个页面时调用
    Session("USN")="Guest"&Session.SessionID
'在 Session 的 Contents 集合中增加一个变量 USN，内容为"Guest"加 SessionID
end Sub
</SCRIPT>
```

在网站中任何一个需要显示用户名的地方插入以下代码：

```
response.Write("欢迎您: "&Session("USN"))
```

浏览网页可以看到，在插入代码的位置显示了类似"欢迎您：Guest944912212"的内容。其中，944912212 就是当前用户获得的 SessionID。

可以在该网站的多个页面中插入以上代码，然后浏览网页，就会发现每个网页看到的 Session("USN ")都是一样的。

实际上，ASP 为每个初次访问的用户创建了一个唯一的编号并以 Cookie 的形式在客户端和服务器之间传送，服务器就是通过这个编号来访问相关的 Session 对象的，以确定用户的身份。使用某些浏览器自带的"开发者工具"可以看到相关的 Cookie 信息，如图 9.2.1 所示。

Name	Value	Domain	Path	Expires	Size
ASPSESSIONIDCSBBTRQT	DFHDCFIDDLMKLCAIKNNIMADC	localhost	/	Session	44

图 9.2.1 Cookie 信息

但更换另一个浏览器后（如 IE、FireFox 火狐、谷歌 Chrome 等），由于内核不同，再访问网站，服务器就会判断其是一个新用户。更多关于 Cookie 的知识会在后面的相关项目中介绍。

对网站的在线用户人数进行统计。建立一个文件，另存为"Global.asa"。如果网站中已经存在 Global.asa 文件，则可以直接修改 Global.asa 文件，代码如下：

【Global.asa】

```
<SCRIPT LANGUAGE="VBScript" RUNAT="Server">
Sub Application_OnStart      '网站启动时自动运行的过程
Application("online")=0
'当该网站启动后首次被运行时创建一个"online"变量，并赋值为 0
end Sub


Sub Session_OnStart      ' 当用户首次运行任何一个 ASP 应用程序页面时调用
    Session("USN")="Guest"&Session.SessionID
    Application("online")=Application("online")+1
end Sub
Sub Session_OnEnd  'Session_OnEnd 当一个用户的会话超时或退出应用程序时运行
    Application("online")=Application("online")-1
```

```
    end Sub
</SCRIPT>
```

然后在任意网页中需要显示在线人数的位置插入以下代码：

```
response.Write("当前网站在线人数："&Application("online"))
```

刷新网页就可以看到当前网站的在线人数。每当有用户第一次访问网站时，就会调用 Session_OnStart 过程，将在线人数加 1，在线人数会随着网站访问人数的增加而增加，如果有用户超过 20 分钟没有再次访问网站，即会调用 Session_OnEnd 过程，在线人数减1。

 课后习题

1. 选择题

（1）关于 Session 对象的属性，下列说法正确的是（　　）。

    A. Session 的有效期时长默认为 90 秒，且不能修改

    B. Session 的有效期时长默认为 20 分钟，且不能修改

    C. SessionID 可以存储每个用户 Session 的代号，是一个不重复的长整型数字

    D. 以上全错

（2）下面程序段执行完毕，页面上显示的内容是（　　）。

```
<%
Dim strTemp
strTemp="user_name"
Session(strTemp)="张三"
Session("strTemp")="李四"
response.Write Session("user_name")
%>
```

    A. 张三　　　　　　　　　　　B. 李四

    C. 张三李四　　　　　　　　　D. 语法有错，无法正常输出

（3）在应用程序的各个页面中传递值，可以使用内置对象（　　）。

    A. Request　　　　　　　　　　B. Application

    C. Session　　　　　　　　　　D. 以上都可以

（4）ASP 对象中的（　　）可用来记录个别浏览器端专用的变量。

    A. Server　　　　　　　　　　B. Session

    C. Application　　　　　　　　D. Client

（5）在建立 Application 对象的时候会产生（　　）事件。

    A. Application_OnStart　　　　　B. Application_OnCreate

    C. Application_OnBegin　　　　　D. Application_OnNew

（6）能破坏 Session 对象并释放其资源的方法是（　　）。

    A. TimeOut　　　　　　　　　B. SessionID

    C. Contents　　　　　　　　　D. Abandon

（7）下面程序段执行完毕，c 的值是（　　　）。

```
<%
Application("a")=1
Application ("b")=2
c= Application ("a")+ Application ("b")
%>
```

A. 12

B. ab

C. 3

D. 以上都不对

2. 操作题

改进本项目所完成的计数器，实现防刷新功能，即一个页面不论被一个用户刷新多少次只计一次有效访问。

项目十　在客户端记录信息

核心技术

Cookie 对象的使用

任务目标

- 任务一：保存用户的登录名和密码
- 任务二：保存用户的注册信息

能力目标

- 使用 Cookie 保存用户信息
- 读取本地 Cookie 记录的信息
- 利用遍历的方式读取特定网站的全部 Cookie 信息

项目背景

为方便用户对网站的访问，需要记录用户上次登录的状态等信息，如用户名称、密码、上次登录的时间等。需要网站的设计人员或网络管理员根据实际情况，在本地记录相应的信息，并在需要的时候读取出来。

项目分析

在网站的设计过程中，一般有两种保存数据的方式，一种是在服务器端保存用户信息，另一种是在客户端保存用户信息。在服务器端保存用户信息一般指的是把相关的信息保存到服务器端的数据库中。在客户端保存信息一般是利用 Cookie 的方式，把一些信息保存到用户本地的计算机中。

项目目标

通过本项目的完成，初步掌握 ASP 编程中 Cookie 的使用方法，从而能够掌握利用 Cookie 的方式保存用户信息，并读取上次保存的信息的能力。

任务一　保存用户的登录名和密码

任务描述

为方便用户操作，需要在客户端保存用户的一些信息，如用户名、密码等。在用户下次登录时，读取用户上次使用网站的记录，方便用户重新登录到网站中。网站管理员需要在登录中设计保存用户的程序，并在登录页面读取客户端计算机所保存的临时信息。

▌▌任务要求

- 掌握 Cookie 保存数据的方法。
- 掌握 Cookei 读取数据的方法。

▌▌知识准备

1. Cookie 的相关知识

Cookie 是由服务器端生成，发送给客户端保存的信息，浏览器会将 Cookie 的内容保存到用户的计算机中某个目录下的文本文件内，下次请求同一网站时根据需要发送到相同的服务器。Cookie 名称和值可以由服务器端自己定义，服务器端可以根据 Cookie 信息了解该用户是否为合法用户，以及是否需要重新登录等。

Cookie 最典型的应用是判断注册用户是否已经登录网站，保留用户信息可以让用户在下一次进入此网站时简化登录手续。

当用户下次再访问同一个网站时，Web 服务器会先看看有没有它上次留下的 Cookie 资料，若有的话，就会依据 Cookie 里的内容来判断使用者并送出特定的网页内容。

2. Cookie 的使用格式

Cookie 写入数据的简单格式为：response.cookies("变量名")

Cookie 写入数据的复杂格式为：response.cookies("变量名称")("键名称")

Cookie 读取数据的格式为：　request.cookies("变量名")

Cookie 设置过期时间的格式为：request.cookies("变量名").expires=[日期]

▌▌工作过程

步骤 1：准备登录界面

打开"asp 项目 10"中的"loginStu.htm"，如图 10.1.1 所示。

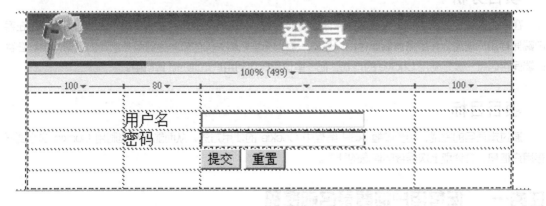

图 10.1.1　登录界面

设置"用户名"右侧的文本框的名称为"txtName"，如图 10.1.2 所示。

图 10.1.2　"用户名"文本域属性

设置"密码"右侧的文本框的名称为"txtPass"，如图 10.1.3 所示。

图 10.1.3　"密码"文本框属性

设置表单的动作为 loginStu.asp，如图 10.1.4 所示。

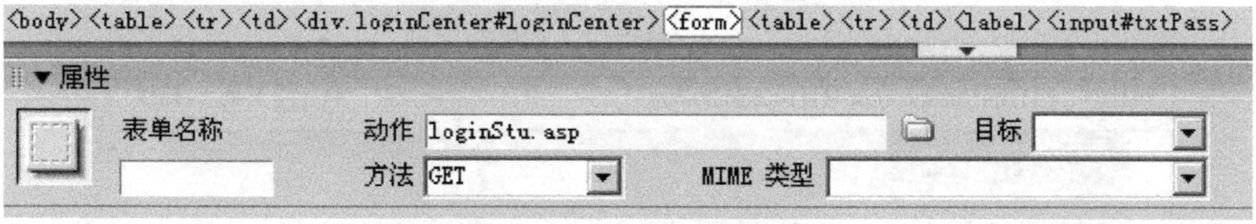

图 10.1.4　表单属性

步骤 2：写入 Cookie

新建立一个 ASP 文件，保存为"loginStu.asp"。切换到代码页，删除代码页中自动产生的所有代码，加入如图 10.1.5 所示的代码。

```
<%
    dim aName,aPass            '定义两个变量用于接受表单信息
    aName=request("txtName")   '传递用户名
    aPass=request("txtPass")   '传递密码
    response.cookies("uName")=aName   '写入cookie uName
    response.Cookies("uPass")=aPass   '写入cookie uPass
    response.Cookies("uName").expires=date+10  '设置10天后过期
    response.Cookies("uPass").expires=date+10  '设置10天后过期
%>
```

图 10.1.5　设置 Cookie 变量及时间限制

步骤 3：读取 Cookie 的内容并显示

新建一个 ASP 文件，保存为"readCookie.asp"，保存路径为"asp 项目 10"。切换到代码视图，删除自动产生的代码，加入如图 10.1.6 所示的代码。

图 10.1.6　读取并显示 Cookie 变量

步骤 4：测试 Cookie 信息

在浏览器中打开"loginStu.htm"，显示效果如图 10.1.7 所示。

图 10.1.7　登录测试显示效果

分别输入用户名和密码，用户名为"LiMing"，密码为"abcd1234"，然后单击"提交"按钮。

在浏览器中打开"readCookie.asp"文件，结果如图 10.1.8 所示。

图 10.1.8　读取本地存储的 Cookie 信息

从运行结果中可以看到，输入的用户名和密码可以被 Cookie 保存起来，在需要的时候浏览器还可以读取出来。Cookie 将其保存在本地的一个 Internet 浏览信息的临时文件夹内。

步骤 5：在登录页面自动填充用户登录信息

新建一个文件，保存为"loginStu02.asp"，将 loginStu.htm 中<head></head>和<body></body>标签对中的内容复制到 loginStu02. asp 中，覆盖 loginStu02.asp 中原来的标签。

切换到代码视图，加入如图 10.1.9 所示的代码，读取 Cookie 信息。

```
10  <body>
11  <%
12      dim dName,dPass
13      dName=request.Cookies("uName")
14      dPass=request.Cookies("uPass")
15
16  %>
17  <table width="100%" border="0" align="center" cellpadding="0" cellspacing="0">
18    <tr>
19      <td height="100"> </td>
20    </tr>
```

图 10.1.9 读取 Cookie 信息

切换到拆分视图，找到"用户名"文本框，添加"用户名"文本框的值。添加之前的代码如图 10.1.10 所示。

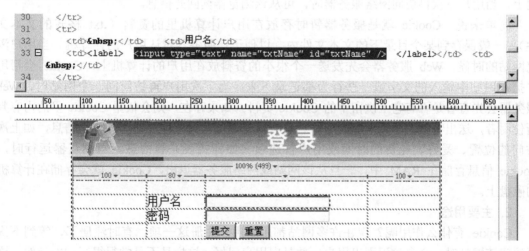

图 10.1.10 拆分视图

添加值之后的代码如图 10.1.11 所示。

```
      <td><label> <input type="text" name="txtName" id="txtName" value="<%=dName%>"/> </label></td>
<td> </td>
  </tr>
  <tr>
    <td> </td>    <td>密码</td>
    <td><label><input type="password" name="txtPass" id="txtPass" value="<%=dPass%>"/>
```

图 10.1.11 表单的自动填写

在浏览器内浏览 loginStu02. asp，结果如图 10.1.12 所示。

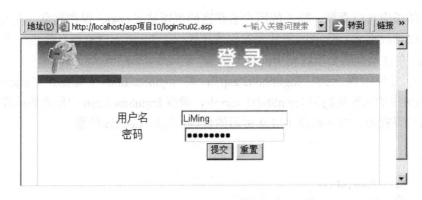

图 10.1.12　测试结果

从运行的结果可以看到，浏览器可以读取出本地 Cookie 中保存的数据，方便用户下次进行登录。

知识扩展

1. 基本信息

Cookie 原指与牛奶一起搭配吃的点心。然而，在因特网中，"Cookie"这个词有了完全不同的含义。"Cookie"是指小量的信息，此信息由网络服务器发送用以存储在用户的客户端上，当用户下次再访问网络服务器时，可从该浏览器读回此信息。

简单来说，Cookie 就是服务器暂时存放在用户计算机里的资料（.txt 格式的文本文件），一般保存到某个目录下的文本文件内，以便于让服务器辨认用户的计算机。当用户浏览网站的时候，Web 服务器会先发送一个很小的资料放在用户的计算机上，Cookie 会帮用户把在网站中输入的文字或一些行为都记录下来。当下次用户再访问同一个网站时，Web 服务器会先查看是否有它上次留下的 Cookie 资料。如果存在，则会依据 Cookie 里的内容判断使用者，送出特定的网页内容给用户。这可以让浏览器记住这位访客的特定信息，如上次访问的位置、爱好、花费的时间或用户首选项（如样式表）等信息。当浏览器运行时，Cookie 信息存储在 RAM 中，一旦从该网站或网络服务器退出，Cookie 就会存储在计算机的磁盘上。

2. 主要用途

Cookie 有什么作用呢？现在许多网站都用新用户注册这一项，有时注册了，等到下次再访问该网站时，会自动识别出用户，并且向用户问好，这样是不是觉得很亲切？当然，这种作用只是表面现象，更重要的是，网站可以利用 Cookie 跟踪统计用户访问该网站的习惯，如什么时间访问，访问了哪些页面，在每个网页的停留时间等。利用这些信息，一方面可以为用户提供个性化的服务，另一方面，也可以作为了解所有用户行为的工具，对网站经营策略的改进有一定的参考价值。例如，你在某家航空公司站点查阅航班时刻表，该网站可能就创建了包含你旅行计划的 Cookie，也可能它只记录了你在该网站曾经访问过的 Web 页，在你下次访问时，网站会根据用户的情况对显示的内容进行调整，将你所感兴趣的内容放在前列，这是高级的 Cookie 应用。目前 Cookie 最广泛的应用是记录用户登录信息，这样下次访问时就可以不用输入自己的用户名、密码了。当然，这种方便也存在用户信息泄密的危险，尤其在多个用户共用一台计算机时很容易出现这样的问题。

服务器可以利用 Cookie 包含信息的任意性来进行筛选并经常性地维护这些信息，以判断在 HTTP 传输中的状态。Cookie 最典型的应用是判定注册用户是否已经登录网站，用户可能会得到提示，是否在下一次进入此网站时保留用户信息以便简化登录手续，这些都是 Cookie 的功能。另一个重要的应用场合是对"购物车"之类的处理。用户可能会在一段时间内在同一家网站的不同页面中选择不同的商品，这些信息都会写入 Cookie，以便在最后付款时提取信息。

3. Cookie 的建立及生存周期

多数网页编程语言都提供了对 Cookie 的支持，如 javascript、VBScript、Delphi、ASP、SQL、PHP、C#等。在这些面向对象的编程语言中，对 Cookie 的编程基本上是相似的，大体过程为：先创建一个 Cookie 对象（Object），然后利用控制函数对 Cookie 进行赋值、读取、写入等操作。

在 ASP 后台程序里，服务器端在响应中利用 response.cookies()来创建一个 Cookie，并保存到用户的计算机中。然后，浏览器在它的请求中通过 request.cookies()将这个已经创建的 Cookie 读取出来，并且把它返回至服务器，从而完成浏览器的验证。创建 Cookie 时，同时还对所创建的 Cookie 的属性，如 Expires 等进行了指定。

实际使用过程中还对 Cookie 加入了一些属性来限定该 Cookie 的使用。例如，Domain 属性能够在浏览器端对 Cookie 的发送进行限定，使该 Cookie 只能传送到指定的服务器上，而决不会传送到其他的 Web 站点上。Expires 属性则指定了该 Cookie 保存的时间期限。Path 属性，用来指定 Cookie 将被发送到服务器的哪一个目录路径下。

Cookie 可以将登录信息保持到用户下次与服务器会话时，当下次访问同一网站时，用户可以不必再输入用户名和密码就可以登录。在有些情况下，在用户退出会话的时候 Cookie 被自动删除，这样可以有效保护个人隐私。

Cookie 在生成时会被指定一个 Expire 值，这就是 Cookie 的生存周期，在这个周期内 Cookie 有效，超出周期 Cookie 就会被清除。有些页面将 Cookie 的生存周期设置为"0"或负值，这样在关闭浏览器时，系统会马上清除 Cookie，不会记录用户信息，更加安全。

提示：浏览器创建了一个 Cookie 后，当服务器需要读取时，可以通过编程指令读取相关的 Cookie，直到 Cookie 过期为止。不过，对于其他网站的 Cookie 请求一般是不会跟着发送的，但如果计算机中有木马或病毒时除外。

任务二　保存用户的注册信息

▌▌任务描述

在用户访问服务器时，在用户的计算机中存储了大量的用户注册信息。当用户再次访问网站的时候需要读取出相关的信息。由于存储的信息比较多，因此需要设计一段通用代码，可以一次读取出在用户计算机上存储的本网站的所有信息。

▌▌任务要求

- Cookie 信息的存储。
- Cookie 信息的遍历读取。

▮▮ 知识准备

当 Cookie 的值比较多时，一般需要根据 Cookie 的内容进行分类。因此，会用到带键名字的 Cookie，有时由于一些不确定性或变量比较多，则需要使用更简便的方法来读取 Cookie 值。

▮▮ 工作过程

步骤 1：准备注册页面

打开 "asp 项目 10" 中的 "zhuce.html"，如图 10.2.1 所示。

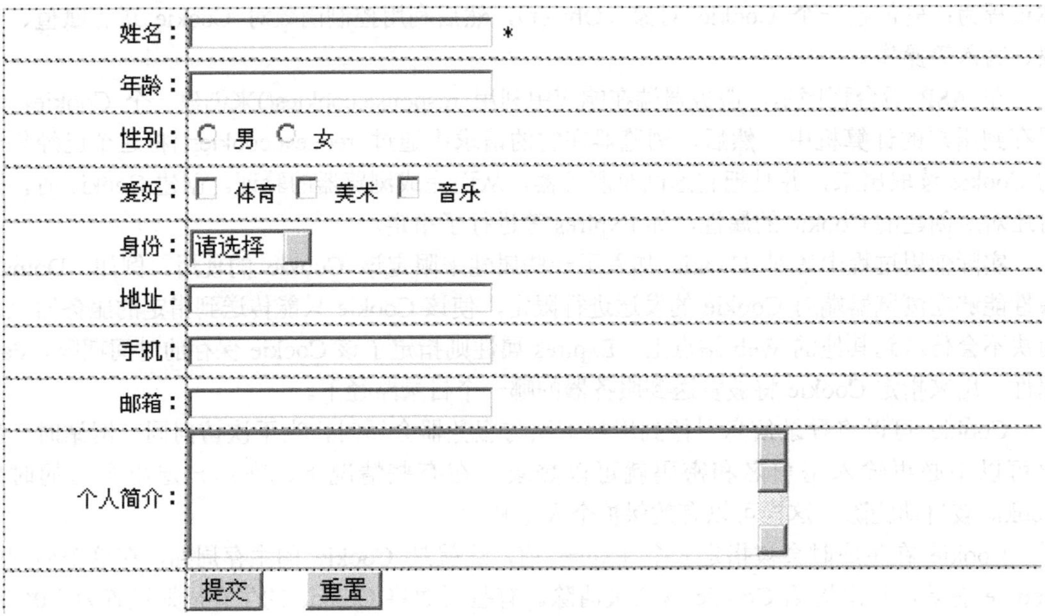

图 10.2.1　用户注册界面

其中各表单元素的名称分别为 txtName、txtAge、txtSex、txtAiHaoTY、txtAiHaoMS、txtAiHaoYY、txtShenFen、txtAddress、txtPhone、txtEmail、txtJianJie。

表单提交的文件名为 "zhuceSubmit. asp"。

步骤 2：写入 Cookie

新建一个 ASP 文件，保存为 "zhuceSubmit. asp"。切换到代码视图，删除程序自动产生的所有代码，输入如图 10.2.2 所示的代码。

```
1  <%
2  dim aspName, aspAge, aspSex, aspAiHaoTY, aspAiHaoMS, aspAiHaoYY
3
4  aspName=request("txtName")            '获取表单元素信息
5  aspAge=request("txtAge")              '获取表单元素信息
6  aspSex=request("txtSex")              '获取表单元素信息
7  aspAiHaoTY=request("txtAiHaoTY")      '获取表单元素信息
8  aspAiHaoMS=request("txtAiHaoMS")      '获取表单元素信息
9  aspAiHaoYY=request("txtAiHaoYY")      '获取表单元素信息
10 aspShenFen=request("txtShenFen")      '获取表单元素信息
11 aspAddress=request("txtAddress")      '获取表单元素信息
12 aspPhone=request("txtPhone")          '获取表单元素信息
13 aspEmail=request("txtEmail")          '获取表单元素信息
14 aspJianJie=request("txtJianJie")      '获取表单元素信息
```

图 10.2.2　写入 Cookie 信息

```
15  %>
16  <%
17      response.Cookies("cName")=aspName          '写入不带键名字的Cookie
18      response.Cookies("user")("cAge")=aspAge    '写入带键名字的Cookie
19      response.Cookies("user")("cSex")=aspSex
20      response.Cookies("user")("cAiHao")=aspAiHaoTY&"-"&aspAiHaoMS&"-"&aspAiHaoYY
21      response.Cookies("user")("cShenFen")=aspShenFen
22      response.Cookies("user")("cAddress")=aspAddress
23      response.Cookies("user")("cPhone")=aspPhone
24      response.Cookies("user")("cEmail")=aspEmail
25      response.Cookies("user")("cJianJie")=aspJianJie
26  %>
```

图 10.2.2　写入 Cookie 信息（续）

步骤 3：读取 Cookie

新建一个 ASP 文件，保存为"zhuceRead. asp"。切换到代码视图，删除程序自动产生的所有代码，输入如图 10.2.3 所示的代码。

```
1   <%  dim x,y
2       for each x in request.Cookies          '遍历所有的Cookie
3           if request.Cookies(x).HasKeys then  '判断是否有键名字
4               for each y in request.Cookies(x) '遍历输出有键名字的Cookie
5                   response.Write(x&":"&y&"的值为: "&request.Cookies(x)(y))
6                   response.Write("<br>")
7               next
8           else                                '输出没有键名字的Cookie
9               response.Write(x&"的值为: "&request.Cookies(x))
10              response.Write("<br>")
11          end if
12      next
13  %>
```

图 10.2.3　读取保存的 Cookie 变量参数

步骤 4：验证运行结果

在浏览器内浏览 zhuce.html 并输入恰当的数据，如图 10.2.4 所示。

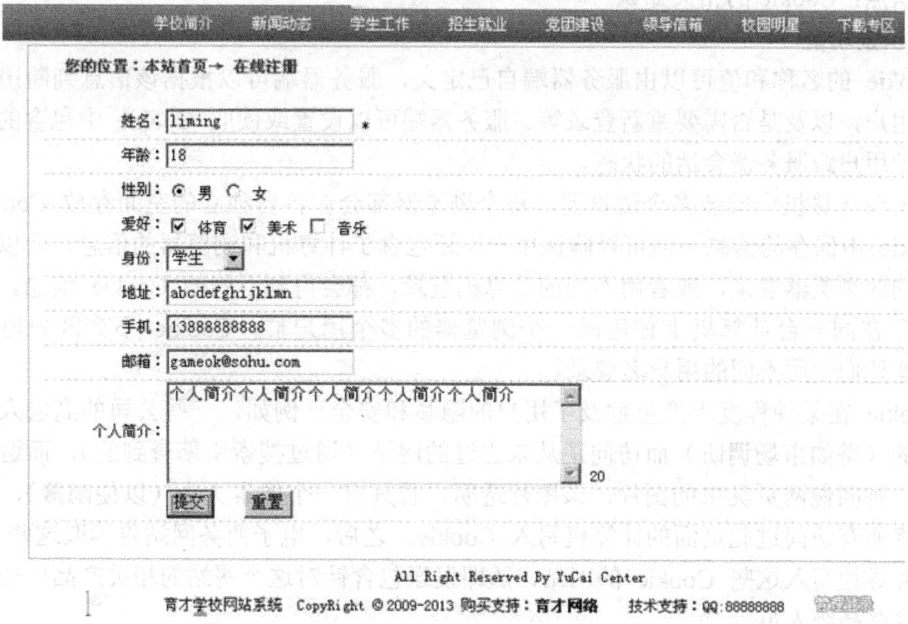

图 10.2.4　填写注册信息

单击"提交"按钮。在浏览器内浏览 zhuceRead. asp，结果如图 10.2.5 所示。

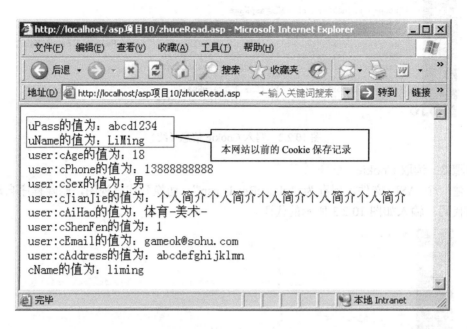

图 10.2.5　遍历 Cookie 信息

从运行结果可以看到，使用遍历的方法，不仅可以提取最近一次的 Cookie 值，还可以提取同一个网站以前的 Cookie 的所有保存记录。使用遍历的方法，不仅可以提取出带键名字的 Cookie，还可以提取出没有键名字的 Cookie。

▌ 知识扩展

知识点： Cookie 的相关知识

1. 识别功能

Cookie 的名称和值可以由服务器端自己定义，服务器端可以根据该信息判断用户是否为合法用户，以及是否需要重新登录等。服务器端可以设置或读取 Cookie 中包含的信息，借此维护用户跟服务器会话的状态。

在一台计算机中安装多个浏览器，每个浏览器都会在各自独立的空间存放 Cookie。因为 Cookie 中保存的信息不但可以确认用户，还包含了计算机和浏览器的信息，所以一个用户用不同的浏览器登录，或者用不同的计算机登录，都会得到不同的 Cookie 信息。另一方面，对于在同一台计算机上使用同一个浏览器的多个用户群，Cookie 不会区分他们的身份，除非他们使用不同的用户名登录。

Cookie 在某种程度上严重危及了用户的隐私和安全。例如，一些公司的高层人员为了某种目的（譬如市场调研）而访问了从未去过的网站（通过搜索引擎查到的），而这些网站包含了一种叫做网页臭虫的图片，该图片透明，且只有一个像素大小（以便隐藏），它们的作用是将所有访问过此页面的计算机写入 Cookie。之后，电子商务网站将读取这些 Cookie 信息，并寻找写入这些 Cookie 的网站，随即发送包含针对这个网站的相关产品广告的垃圾邮件给这些高级人员。

因为更具有针对性，使这套系统行之有效，收到邮件的客户或多或少会表现出对产品的兴趣。这些网站一旦写入了 Cookie 并使其运作，就可以从电子商务网站那里获得报酬，以维持网站的生存。

在使用中，网站利用 Cookie 会存在侵犯用户隐私的问题，但由于大多数用户对此重视程度不够，而且现在对于 Cookie 与用户隐私权的问题并没有太多的相关法律约束，所以很多网站仍然利用 Cookie 跟踪用户行为，有些程序要求用户必须开启 Cookie 才能正常应用。使用 IE 浏览器的用户可以通过"隐私"选项中的隐私设置的高低来决定是否允许网站利用 Cookie 跟踪自己的信息，从全部限制到全部允许或限制部分网站，也可以通过手动方式对具体的网站设置允许或禁止使用 Cookie。IE 浏览器的默认设置是 "中级"，即对部分网站利用 Cookie 有限制。个人计算机的 Cookie 设置（对 IE 浏览器而言）可通过 "工具"→"Internet"选项→"隐私"选项来查看和修改。

2. 脚本攻击

尽管 Cookie 没有病毒那么危险，但它仍包含了一些敏感信息如：用户名、计算机名、使用的浏览器和曾经访问的网站等。用户不希望这些内容泄漏出去，尤其是其中包含私人信息的时候。

这并非危言耸听，一种名为跨站点脚本攻击（Cross site scripting）可以达到此目的。通常跨站点脚本攻击往往利用网站漏洞，在网站页面中植入脚本代码或在网站页面引用第三方的脚本代码。受到跨站点脚本攻击时，脚本指令将会读取当前站点的所有 Cookie 内容（已不存在 Cookie 作用域限制），然后通过某种方式将 Cookie 内容提交到指定的服务器（如 AJAX）。一旦 Cookie 落入攻击者手中，它将会重现其价值。利用 Cookie 进行攻击一般有以下几种方式。

Cookie 窃取：搜集用户的 Cookie 并发送给攻击者。攻击者将利用 Cookie 信息通过非法手段进入用户账户。

Cookie 篡改：利用安全机制，攻击者加入代码从而可以改写 Cookie 内容，以便持续攻击。

Cookie 欺骗：Cookie 记录用户的账户 ID、密码等信息，如果在网上传递，通常使用的是 MD5 方法加密。经过加密处理后的信息，即使被网络上一些别有用心的人截获，也看不懂，因为他看到的只是一些无意义的字母和数字。然而，现在遇到的问题是，截获 Cookie 的人不需要知道这些字符串的含义，他们只要把别人的 Cookie 向服务器提交，就能够通过验证，从而冒充受害人的身份，登录网站。这种方法叫做 Cookie 欺骗。Cookie 欺骗实现的前提条件是服务器的验证程序存在漏洞，并且冒充者要获得被冒充人的 Cookie 信息。目前网站的验证程序要排除所有非法登录是非常困难的，例如，编写验证程序使用的语言可能存在漏洞。而且要获得别人的 Cookie 是很容易的，用支持 Cookie 的语言编写一小段代码就可以实现，只要把这段代码放到网络中，那么所有人的 Cookie 都能够被收集。如果一个论坛允许 HTML 代码或允许使用 Flash 标签，就可以利用这些技术将收集 Cookie 的代码放到论坛里，然后给帖子取一个吸引人的主题，写上有趣的内容，很快就可以收到大量的 Cookie。在论坛上，有许多人的密码就是被这种方法盗走的。至于如何防范，目前还没有很好的方法，只能使用通常的防护方法，不要在论坛里使用重要的密码，也不要使用 IE 自动保存密码的功能，以及尽量不登录不了解底细的网站。

鉴于隐藏的危害性，有些国家已经通过对 Cookie 的立法，要求利用 Cookie 的网站必须说明 Cookie 的属性，并且指导用户如何禁用 Cookie。

3. 相关问题

Cookie 的用途之一是存储用户在特定网站上的密码和 ID。另外，也用于存储起始页的首选项。在提供个人化查看的网站上，网络浏览器将利用用户计算机硬盘上的少量空间来储存这些首选项。每次用户登录该网站时，浏览器将检查用户本地是否保存上次针对该服务器的信息（Cookie）。如果有，则浏览器将根据需要将此 Cookie 随用户对网页的请求一起发送给服务器。各家公司利用 Cookie 的一般用途包括：在线订货系统、网站个人化和网站跟踪。

网站个人化是 Cookie 最有益的用途之一。例如，当用户来到 CNN 网站，但并不想查看任何商务新闻，网站允许他将该项作为一种选项。从那时起（或者直到 Cookie 过期），他再访问 CNN 网页时将不会读到商务新闻。

HTTP Cookie 虽然不能用来从用户的硬盘上检索个人数据、放置病毒、得到用户的电子邮件地址或偷窃有关用户身份的敏感信息。但是，HTTP Cookie 可用来跟踪用户在特定网站上的所到之处。不使用 Cookie 就很难进行网站跟踪。

至于其他一切与因特网有关的事情，如同用户所希望的那样是匿名的。没有网站知道用户是谁，除非用户自己透露给网站。同时，Cookie 只是为了更好地了解使用模式并改进网站访客的效率而采用的一个网站跟踪统计手段而已。

如果网站设计师旨在使网页能与访客更具互动作用，或者设计师计划让访客自定义网站的外观，则需要使用 Cookie。而且，如果用户想要网站在某些情况下改变其外观，Cookie 则提供了一条快速、容易的途径，让用户的 HTML 页面按需要而改变。最新型的服务器使用 Cookie 有助于数据库的互动性，进而改进网站的整体互动性。

Cookie 中的内容大多数经过了加密处理，因此在普通人看来只是一些毫无意义的字母与数字组合，只有服务器的 CGI 处理程序才知道它们真正的含义。通过一些软件，人们可以查看到更多的内容，例如，使用 Cookie Pal 软件可查看 Cookie 信息，如 Server、Expires、Name、Value 等选项的内容。其中，Server 是存储 Cookie 的网站，Expires 记录了 Cookie 的时间和生命期，Name 和 Value 字段则是具体的数据。

当在浏览器地址栏中输入网站的 URL 时，浏览器会向该网站发送一个读取网页的请求，并将结果显示在显示器上。这时该网页在用户的计算机上寻找网站设置的 Cookie 文件，如果找到，浏览器会把 Cookie 文件中的数据连同前面输入的 URL 一同发送到网站服务器。服务器收到 Cookie 数据，就会在他的数据库中检索用户的 ID、用户的购物记录、个人喜好等信息，并记录下新的内容，增加到数据库和 Cookie 文件中。如果没有检测到 Cookie，或者用户的 Cookie 信息与数据库中的信息不符合，则说明用户是第一次浏览该网站，服务器的 CGI 程序将为用户创建新的 ID 信息，并保存到数据库中。

Cookie 是利用网页代码中的 HTTP 头信息进行传递的，浏览器的每一次网页请求，都可以伴随 Cookie 传递。例如，浏览器的打开或刷新网页操作。服务器将 Cookie 添加到网页的 HTTP 头信息中，伴随网页数据传回到用户的浏览器，浏览器会根据用户计算机中的 Cookie 设置选择是否保存这些数据。如果浏览器不允许保存 Cookie，则关掉浏览器后，这些数据会消失。Cookie 在计算机上保存的时间是不一样的，这些都是由服务器的设置不同决定的。Cookie 的 Expires（有效期）属性决定了 Cookie 的保存时间，服务器可以通过设定 Expires 字段的数值，来改变 Cookie 的保存时间。如果不设置该属性，那么 Cookie 只在浏览网页期间有效，关闭浏览器后这些 Cookie 自动消失，绝大多数网站属于这种情况。

Flash 中有一个 getURL( )函数，Flash 可以利用这个函数自动打开指定的网页。因此，它可能把用户引向一个包含恶意代码的网站。例如，当用户在自己的计算机上欣赏精美的 Flash 动画时，动画帧里的代码可能已经悄悄地连上网，并打开了一个极小的包含特殊代码的页面。这个页面可以收集用户的 Cookie、也可以做一些其他的事情，如在用户的机器上种植木马，甚至格式化用户的硬盘等。对于 Flash 的这种行为，网站是无法禁止的，因为这是 Flash 文件的内部行为。用户所能做的事情是，如果是在本地浏览，则尽量打开防火墙。如果防火墙提示的向外发送的数据包并不被用户允许，则最好禁止。如果是在 Internet 上浏览查询信息，最好找一些知名的大网站。

4．如何删除

要删除一个已经存在的 Cookie，有三个方法。

一是在网站后台中调用只带有 Name 参数的 Cookie，那么名为 Name 的 Cookie 将被从用户机器上删掉。

二是设置 Cookie 的失效时间为 time( )或 time( )−1，那么这个 Cookie 在页面浏览完之后就会被删除（其实是失效了）。要注意的是，当一个 Cookie 被删除时，它的值在当前页仍然有效。

三是在 IE 浏览器中，选择"工具"→"Internet 选项"，在弹出的菜单中选中"Cookie 和网站数据"，其他选项可以不选中，然后再单击下面的"删除"按钮。等待约 10 秒钟，就会出现删除成功的提示。

5．解决隐私泄漏

为了保证上网安全，需要对 Cookie 进行适当设置。打开"工具"→"Internet 选项"中的"隐私"选项卡（注意，该设置只在 IE6.0 中存在，其他版本的 IE 可以在"工具"→"Internet 选项"的"安全"标签中单击"自定义级别"按钮，进行简单调整），调整 Cookie 的安全级别。通常情况下，可以将滑块调整到"中高"或"高"的位置。多数论坛网站需要使用 Cookie 信息，如果你从来不去这些地方，可以将安全级调到"阻止所有 Cookie"。如果只是为了禁止个别网站的 Cookie，可以单击"编辑"按钮，将要屏蔽的网站添加到列表中。在"高级"按钮选项中，可以对第一方 Cookie 和第三方 Cookie 进行设置，第一方 Cookie 是用户正在浏览的网站的 Cookie，第三方 Cookie 不是正在浏览的网站发给用户的 Cookie，通常要对第三方 Cookie 选择"拒绝"。如果需要保存 Cookie，则可以使用 IE 的"导入/导出"功能，打开"文件"→"导入/导出"，按提示操作即可。

实际上，Cookie 中保存的用户名、密码等个人敏感信息通常经过加密，很难将其反向破解。但这并不意味着绝对安全，黑客可通过木马病毒盗取用户浏览器 Cookie，直接通过盗取的 Cookie 骗取网站信任。可以看出，木马病毒入侵用户计算机是导致用户个人信息泄露的一大元凶。

自 1993 年 Cookie 诞生以来，就拥有专属性原则，即 A 网站存放在 Cookie 中的用户信息，B 网站是没有权限直接获取的。但是，现在一些第三方广告联盟的代码使用范围很广。这就造成了用户在 A 网站搜索了一个关键字，用户继续访问 B 网站，由于 B 网站也使用了同一家的第三方广告代码，这个代码可以从 Cookie 中获取用户在 A 网站的搜索行为，进而展示更精准的推广广告。例如，搜索"糖尿病"等关键词，再访问其联盟网站时，页面会立刻出现糖尿病治疗广告。如果并未事先告之，经用户同意，此做法有对隐私构成侵犯的嫌疑。

因此，跨站 Cookie 恰恰就是用户隐私泄露的罪魁祸首，所以限制网站使用跨站

Cookie，给用户提供禁止跟踪（DNT）功能选项已成为当务之急。据了解，目前 IE、Chrome、360、搜狗等浏览器均可以快速清除用户浏览器网页的 Cookie 信息。但从目前整体的隐私安全保护环境来看，安全软件仍然存在着巨大的防护缺口。所以，安全软件也可以并且有必要提供定期清理网站 Cookie，监测跨站 Cookie 使用的功能，保护用户隐私安全。

 课后习题

选择题

（1）下列选项中是 Cookie 的缺点的是（　　）。

　　A．造成浏览器端潜在的安全威胁

　　B．Cookie 文件的内容不太容易看懂

　　C．Cookie 可以记录对象、数组等复杂的数据类型

　　D．Cookie 会自动消失

（2）下列语句中错误的是（　　）。

　　A. Cookie 的优点之一是存放在浏览器端，不会占用服务器端的空间

　　B. 服务器端文件访问，即使在数据量很大时，也不会影响访问效率

　　C. 数据库适合记录大量数据，可以读取、插入、删除、更新与查询

　　D. 打开不同的数据库，所使用的连接字符串是不同的

（3）若要向客户端写入一个名为"username"的 Cookie，其值为"guest"，一周后过期，则以下实现语句中，正确的是（　　）。

　　A. response.Cookies("username")="guest"

　　　　response.Cookies("username").Expire=DateAdd("ww",1,Date)

　　B. response.Cookies("username")="guest"

　　　　response.Cookies("username").Expire=DateAdd("d",1,Date)

　　C. response.Cookie("username")="guest"

　　　　response.Cookie("username").Expire=DateAdd("ww",1,Date)

　　D. response.Cookies("username")="guest"

　　　　response.Cookies("username").Expire=DateAdd(1,"ww", Date)

（4）若要获得名为 username 的 Cookie 值，以下语句正确的是（　　）。

　　A. request.Cookie("username")

　　B. request.Cookies("username")

　　C. response.Cookie("username")

　　D. response.Cookies("username")

项目十一　综合应用

核心技术

- Request 对象和 Response 对象的使用
- Session 和 Cookie 的综合应用
- 函数的使用
- 数据库操作
- Form 表单的使用

任务目标

提供相关实例，便于制作完整的校园网

能力目标

- 通过完成综合任务，掌握 ASP 全面的知识
- 掌握网站建设的基本流程

项目背景

通过网络阅读新闻、信息已经成为很多人的日常生活习惯，现在的学校、企业等单位已经实现了信息网络化，网站已经成为企事业单位向外宣传的一个窗口，人们越来越多的通过网络了解一个学校、一家企业。信息传播网络化不仅省时，还大大提高了工作效率。本项目的主要任务就是讲述一个校园网的实现过程。

项目分析

校园网和企业网的主要功能都是进行信息发布。以校园网为例，它除了信息发布之外，还具有信息搜索、在线留言及后台管理等功能。搜索模块根据指定条件查找新闻纪录；在线留言是在线交流模块，方便访问者及时沟通；后台管理模块负责整个网站信息的管理，包括添加、修改和删除等操作。

项目目标

本项目包括两个任务，通过几个功能模块的介绍，让学生掌握基本的网站开发技能，了解开发流程，最终完成整个校园网的开发。

任务一　制作校园网前台页面

▌▌ 任务描述

为保证学校网站能够更好地维护和运营，学校要求网站中的所有页面均改成由数据库支持的动态页面。因而需要网站管理人员把网站中所有的静态页面改成以 ASP 语言为编程语言，以 Access 或 SQLserver 为数据库的动态页面。

▌▌ 任务要求

- 数据库的操作。
- CSS 样式表的应用。
- 循环结构的使用。
- 数据记录的分页技术。

▌▌ 工作过程

1. 系统主要模块

一个完整的校园网主要包括以下几个模块。

（1）数据库管理块：负责整个网站数据信息的保存、管理。

（2）新闻查看模块：负责各类新闻的显示。

（3）新闻搜索模块：根据指定条件查找新闻纪录。

（4）在线报名模块：实现网络报名功能。

（5）成绩查询模块：负责学生考试成绩的查询。

（6）留言板模块：负责显示、增加用户的留言信息。

（7）管理员登录模块：负责处理管理员的登录和退出。

（8）后台管理模块：负责完成全部前台信息的管理。

（9）数据库设计。

数据库是整个网站的基础，只有在数据库框架设计完成的情况下，其他模块才有可能实施。本项目采用的数据库开发工具是 Access 2008，数据库名为 2008.mdb。根据需要存储的信息，在该数据库中主要定义了以下数据表。

2. 数据表

（1）报名表（表名：baoming），用于存放报名的学生信息，结构如图 11.1.1 所示。

字段名称	数据类型	
ID	自动编号	
RegName	文本	姓名
Sex	文本	性别
Birth	文本	出生日期
National	文本	民族
Education	文本	学历
Credit	文本	学分
Addr	备注	地址
Telephone	文本	电话
Mobile	文本	手机
Email	文本	邮箱
Remark	备注	简介

图 11.1.1　报名表

（2）下载信息表（表名：down），用于存放下载信息，结构如图 11.1.2 所示。

字段名称	数据类型	
ID	自动编号	
name	文本	软件名称
size	文本	软件大小
roof	文本	应用平台
commend	数字	推荐程度
img	文本	软件图片
content	备注	详细介绍
down_url	文本	下载地址
soft_url	文本	软件地址
url	文本	演示地址
ReadGrade	数字	阅读权限
down_class	数字	下载分类
hit	文本	浏览次数
hit2	文本	下载次数
join_date	文本	加入时间
Units	文本	软件大小单位(KB/MB)

图 11.1.2 下载信息表

（3）公告信息表（表名：gg），用于存放公告信息，结构如图 11.1.3 所示。

字段名称	数据类型
id	自动编号
title	文本
content	备注
hit	数字
newstime	文本

图 11.1.3 公告信息表

（4）留言表（表名：main），用于存放留言信息，结构如图 11.1.4 所示。

字段名称	数据类型	
ID	自动编号	设置"自动编号"
name	文本	姓名
sex	文本	性别
pci	文本	头像
qq	文本	OICQ
email	文本	电子邮件
home	文本	主页
title	文本	主题
content	备注	留言内容
date	日期/时间	留言的日期，设定默认值为now()
repcontent	备注	回复留言，设定默认值为"暂时没有回复"

图 11.1.4 留言表

（5）优秀人员信息表（表名：star），用于存放"校园之星"教师、学生信息，结构如图 11.1.5 所示。

（6）新闻表（表名：news），用于存放所有新闻信息，结构如图 11.1.6 所示。

（7）成绩表（表名：Results），用于存放学生各科成绩，结构如图 11.1.7 所示。

其他信息表的信息可以参考 db 目录下的 2008.mdb（为数据库中的数据表）。

字段名称	数据类型
ID	自动编号
name	文本
Professional	文本
age	文本
sex	文本
photo	文本
join_date	文本
content	备注
Recommended	文本

图 11.1.5 优秀人员信息表

字段名称	数据类型
id	自动编号
yiid	数字
erid	数字
title	文本
content	备注
newstime	日期/时间
hit	数字
shoupic	文本

图 11.1.6 新闻表

字段名称	数据类型
ID	自动编号
xuehao	文本
UserName	文本
Classo	文本
yuwen	文本
shuxue	文本
yingyu	文本
wuli	文本
huaxue	文本
zhenzhi	文本

图 11.1.7 成绩表

3. 数据库连接

用户进入网站后，首先看到的就是新闻查看模块，这是系统一个最主要的功能，用户能够在此按照类别浏览新闻，并查看感兴趣的新闻的详细内容。新闻查看模块包括"新闻中心"、"校园公告"、"学生工作"、"招生就业"、"党团建设"和"就业信息"、"校园之星"等内容。这些功能的实现都与数据库相关，因此需要先连接数据库。在本项目中，可以先将数据库连接写入独立的文件 conn.asp 中，通过<!—include file="conn.ASP"-->进行调用，代码如图 11.1.8 所示。

```
1  <%
2  dim conn
3  set conn=server.createobject("adodb.connection")
4  mydata_path = "/db/2008.mdb"  '设置数据库的相对地址
5  connstr="provider=microsoft.jet.oledb.4.0;"&"data source="&server.mappath(mydata_path)
6  conn.connectionstring=connstr
7  conn.open
8  %>
```

图 11.1.8 程序代码

4. 网站首页

网站首页中的内容一般比较丰富，在本网站的首页中要求体现校园之星的内容、最近添加的新闻内容、网站的公告信息、学生工作、招生就业、党团建设、就业信息等版块信息。当一个页面涉及不同的数据表中的内容时，一般需要设置多个不同的数据记录集。多个数据记录集共用同一个数据连接。网站首页效果如图 11.1.9 所示。

图 11.1.9　网站首页效果图

5. 新闻搜索模块

用户在页面中输入搜索条件之后，提交表单，数据将交给搜索显示页面 search.asp 进行处理。search.asp 将根据指定的搜索条件生成合适的 SQL 语句来查询数据库，并显示所获得的结果，页面效果如图 11.1.10 所示。

图 11.1.10　新闻搜索

search.asp 页面的主要代码如图 11.1.11 所示。

```
<%
set rs=server.createobject("ADODB.recordset")
rs.open sql,conn,1,1
if rs.eof then
response.Write "暂无相关信息"
else
number=san_lanmu_no    '设置每页显示条数
'本页代码顶部有一个说明代码可以移植到此处
rs.pagesize=cint(number)
rs.absolutepage = curpage

for i= 1 to rs.pagesize
response.Write "<table width='98%' cellSpacing=0 cellPadding=0 border=0 style='line-height:140% '>"
response.Write "<tr><td width='15'><img src='img/icon.gif'></td>"
response.Write "<td style='border-bottom: 1px dotted #cccccc' width='500'>"
response.Write "<a href='show.asp?id=" & rs("id") & "' target='_blank' "
response.Write "title='"& rs("title") & "  [" & rs("newstime")& "]" & "'>"

if len(trim(rs("title")))<=15 then
                response.Write left(trim(rs("title")),18)
                else
                response.Write left(trim(rs("title")),18) & "…"
end if
if date()<rs("newstime")+2 then
                response.Write  "<img src='img/news2.gif' border=0>"
end if
response.Write "</a></td><td style='border-bottom: 1px dotted #cccccc'>"
response.Write "["&gettime(rs("newstime"))&"]</td></tr></table>"

rs.movenext
if rs.eof then
        i=i+1
        exit for
    end if
next
%>
```

图 11.1.11　新闻搜索程序代码

6. 成绩查询模块

成绩查询模块使用户输入准考证号和考生姓名就可以查询其各科考试成绩。search_Results.asp 根据用户输入的信息，进入数据库查询成绩表，如果有相应的信息就返回结果并且在 search_results_view.asp 页面显示；如果用户输入有误，则不会显示任何成绩。页面效果如图 11.1.12 所示。

图 11.1.12　成绩查询

search_results_view.asp 页面的代码如图 11.1.13 所示。

```
<%
action=request.Form("action")
sql="select  * from Results where 1=1"
if action="search" then
 xuehao=request.Form("xuehao")
 UserName=request.Form("UserName")
 if xuehao<>"" then
  sql=sql&" and xuehao like '%"&xuehao&"%'"    判断学号、姓名是否为空
 end if
  if UserName<>"" then
  sql=sql&" and UserName like '%"&UserName&"%'"
 end if
end if
sql=sql&" order by ID desc"                    创建 RecordSet 对象
 Set rs = Server.CreateObject("ADODB.RecordSet")
rs.open sql,conn,1,1
if  not rs.eof then
do while not rs.eof
%>
  <tr>
  <td align="center" bgcolor="#FFFFFF"><%=rs("xuehao")%></td>
  <td align="center" bgcolor="#FFFFFF"><%=rs("UserName")%></td>
  <td align="center" bgcolor="#FFFFFF"><%=rs("yuwen")%></td>
  <td align="center" bgcolor="#FFFFFF"><%=rs("shuxue")%></td>
  <td align="center" bgcolor="#FFFFFF"><%=rs("yingyu")%></td>
  <td align="center" bgcolor="#FFFFFF"><%=rs("wuli")%></td>
  <td align="center" bgcolor="#FFFFFF"><%=rs("huaxue")%></td>
  <td align="center" bgcolor="#FFFFFF"><%=rs("zhenzhi")%></td>
  </tr>
  <%
  rs.movenext
  loop
  end if
  rs.close
set rs=nothing
  %>
```

图 11.1.13　成绩查询程序代码

7. 留言板模块

单击主页面左侧的"雁过留声"链接，进入 guestbook.asp 留言板页面，单击"签写留言"进入 addload.asp 进行留言，而且还能够显示和管理留言。guestbook.asp 页面效果如图 11.1.14 所示，addload.asp 页面效果如图 11.1.15 所示。

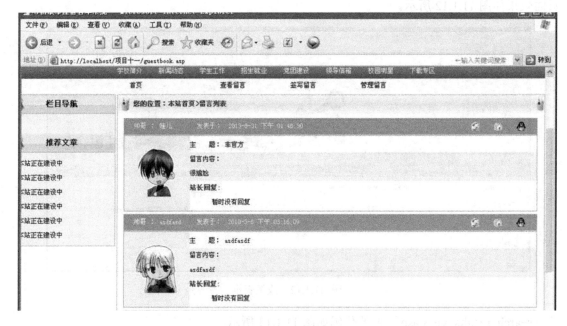

图 11.1.14 查看留言

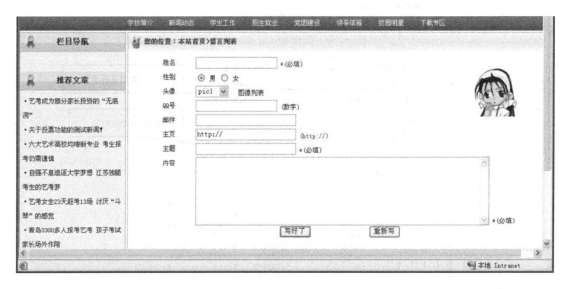

图 11.1.15 发布留言

8. 新闻动态模块

新闻动态、学生工作、招生就业、党团建设的代码基本相同，因此仅以新闻动态为例进行说明。页面的构成如图 11.1.16 所示。

图 11.1.16 新闻列表

页面的主要代码如图 11.1.17 所示。

```
80  <%
81      set rs1=server.createobject("ADODB.recordset")
82      sql="select * from erkind where yiid="&yiid&" order by erorder asc"
83      rs1.open sql,conn,1,1
84      do while not rs1.eof
85  %>

88  <%
89      set rs=server.createobject("ADODB.recordset")
90      sql="select top " & rs1("ernum") & " * from news where erid="&rs1("erid")&" order by id desc"
91      rs.open sql,conn,1,1
92      do while not rs.eof
93      response.Write "<table width='100%' cellSpacing=0 cellPadding=0 border=0>"
94      response.Write "<tr><td width='15'><img src='img/arrow.gif'></td>"
95      response.Write "<td style='font-size:12px; line-height:28px;border-bottom: 1px dotted #cccccc; width:88%;'>"
96      response.Write "<a href='show.asp?id=" & rs("id") & "' target='_blank' "
97      response.Write "title='"& rs("title") & " [" & Gettime(rs("newstime"))& "]" & "'>"
98      response.write trim(rs("title"))
99      if date()<rs("newstime")+2 then
00          response.Write "<img src='img/news2.gif' border=0>"
01      end if
02      response.Write "</a></td><td style='font-size:12px; line-height:28px;"
03      response.Write "border-bottom: 1px dotted #cccccc;'>["&Gettime(rs("newstime"))&"]</td></tr></table>"
04      rs.movenext
05      loop
06      rs.close
07      set rs=nothing
08  %>

112 <%
113     rs1.movenext
114     loop
115     rs1.close
116     set rs1=nothing
117 %>
```

图 11.1.17 新闻列表主要代码

任务二　制作校园网后台管理页面

任务描述

为保证学校网站能够更好地维护和运营，要求学校网站中的所有内容都可以在后台中进行管理。因此需要网站管理人员为网站设计一个后台管理，后台管理的框架可以使用框架集的方式，也可以使用#include 包含语句，以便代码维护且减少编写代码的工作量。

任务要求

- 数据库的操作。
- 框架集的应用。
- 循环结构的使用。
- 数据记录的分页技术。

工作过程

1. 管理员登录模块

管理员在页面中输入用户名、密码和验证码后提交，系统对账号进行验证。如果通过验证，则进入管理员界面；否则，返回管理员登录界面并且提示错误。管理登录页面 ad_login.asp 的效果如图 11.2.1 所示。

图 11.2.1　管理登录页面

用户名与密码均为 admin。
ad_login.asp 页面的主要代码如图 11.2.2 所示。

```
<!--#include file = "md5.asp"-->
<%
Dim sAction, sErrMsg
Dim ytss_use, ytss_Pword
sAction = UCase(Trim(Request("action")))
sErrMsg = ""

Select Case sAction
Case "LOGIN"
    Set oRs = Server.CreateObject( "ADODB.Recordset" )
    ytss_use = HX_Replace(Trim(Request("usr")))
    ytss_Pword = HX_Replace(Trim(Request("pwd")))
    ytss_yan=HX_Replace(trim(request.Form("yan")))
    if Session("wumei_GetCode")= ytss_yan then
        if ytss_use <> "" And ytss_Pword <> "" Then
            sSql = "select * from imagert where lknsdui='"&ytss_use&"'"
            oRs.Open sSql, conn, 0, 1
            if Not oRs.Eof Then
                if oRs("lknsdui") = ytss_use And oRs("knbkdnb") = md5(ytss_Pword) Then
                    Session("medic_sess") = "mylanmupass"
                    Session("medic_vddv") = oRs("lknsdui")
                    Response.Redirect "admin/tz_admin_index.asp"
response.Write "<script LANGUAGE='javascript'>window.location.href = 'ck_manage.asp target=_top'</script>"
                    Response.End
                end if
            end if
            oRs.Close
        end if
        sErrMsg = "提示：用户名或密码错误！"
    else
        response.Write "<script LANGUAGE='javascript'>alert('请输入正确的验证码！');history.go(-1);</script>"
        response.end
    end if
Case "OUT"
end Select

conn.close
set conn=nothing
%>
```

图 11.2.2　后台登录的代码

2. 后台管理模块

管理员通过验证，进入到后台管理页面 tz_admin_index.asp。整个管理模块分为：固定信息管理、文章管理、明星管理、下载管理、账户管理和辅助管理。辅助管理又包括公告管理、留言管理、成绩管理和报名管理。页面效果如图 11.2.3 所示。

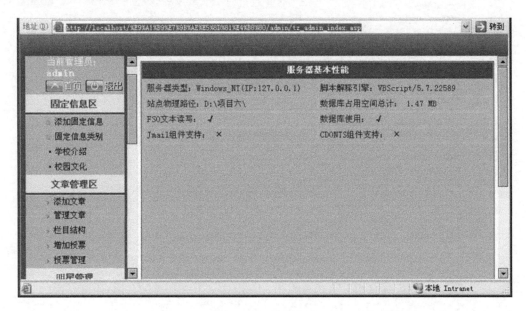

图 11.2.3　后台管理

3. 账号管理模块

账号管理界面如图 11.2.4 所示，主要代码如图 11.2.5 所示。

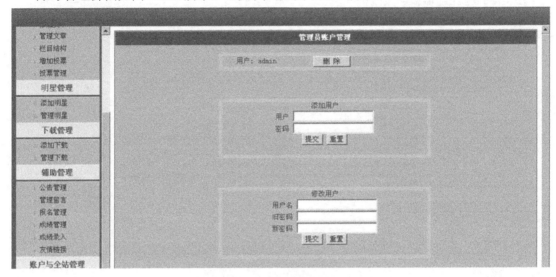

图 11.2.4　账号管理模块

```
<%
if request("action")="add_admin" then
set rs=server.createobject("adodb.recordset")
sql="select * from admin"
rs.open sql,conn,1,3
rs.addnew
admin=request.form("admin")
password=request.form("password")
rs("admin")=admin
rs("password")=password
rs.update
rs.close
conn.close
response.Write"<SCRIPT language=JavaScript>alert('添加管理员成功');"
response.Write"this.location.href='adminstrator.asp';</SCRIPT>"
end if
%>
```

```
<%
if request("action")="edit_admin" then
id=request.QueryString("id")
set rs=server.createobject("adodb.recordset")
sql="select * from admin where id="&id
rs.open sql,conn,1,3
admin=request.form("admin")
password=request.form("password")
rs("admin")=admin
rs("password")=password
rs.update
rs.close
conn.close

response.Write"<SCRIPT language=JavaScript>alert('编辑管理员成功');"
response.Write"this.location.href='adminstrator.asp';</SCRIPT>"
end if
%>
```

图 11.2.5　账号管理代码

4. 文章管理模块

（1）添加文章：添加文章的界面如图 11.2.6 所示。

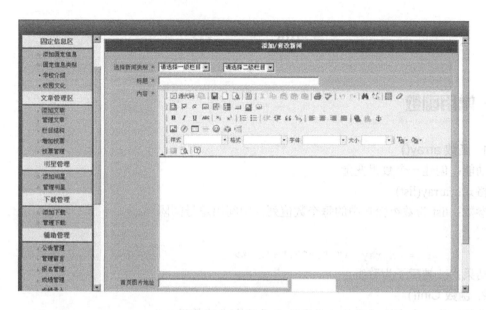

图 11.2.6 添加文章界面

在后台添加文章时，对文章的内容管理需要引用公用的编辑器，编辑器可以从网上下载，或者参考现有网站中的后台文章编辑器。

（2）管理文章：管理文章的界面如图 11.2.7 所示。

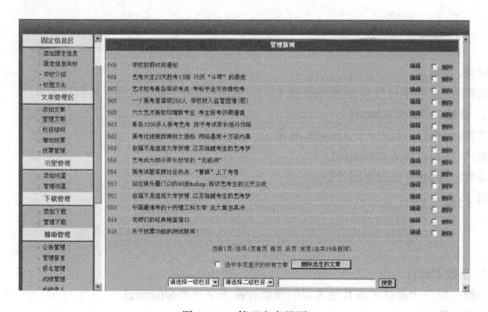

图 11.2.7 管理文章界面

以上是重要模块的管理页面与代码，其他模块与此类似，可以根据实际情况制作其他相关的页面和代码。

附　录

ASP 常用函数

1. 函数 array()

功能：创建一个数组变量

格式：array(list)

参数：list 为数组变量中的每个数值列，中间用逗号间隔

例子：

```
<% i = array ("1","2","3") %>
```

结果：i 被赋予为数组

2. 函数 Cint()

功能：将一个表达式或其他类型的变量转换成整数类型(int)

格式：Cint(expression)

参数：expression 是任何有效的表达式或其他类型的变量

例子：

```
<%
f = "234"
response.Write Cint(f) + 2
%>
```

结果：236

函数 Cint()将字符"234"转换成整数 234。当表达式为空或无效时，返回值为 0

3. 函数：CreatObject()

功能：创建并返回一个 ActiveX 对象

格式：CreatObject(obname)

参数：obname 是对象的名称

例子：

```
<%
Set con = Server.CreateObject("ADODB.Connection")
%>
```

4. 函数 Cstr()

功能：将一个表达式或其他类型的变量转换成字符类型(string)

格式：Cstr(expression)

参数：expression 是任何有效的表达式或其他类型的变量

例子：

```
<%
```

```
s = 3 + 2
response.Write "The result is: " & Cstr(s)
%>
```

结果：函数 Cstr()将整数 5 转换成字符"5"

5. 函数 date()

功能：返回当前系统（服务器端）的日期

格式：date()

参数：无

例子：

```
<% date () %>
```

结果：05/10/00

6. 函数 DateAdd()

功能：计算某个指定的时间

格式：DateAdd(timeinterval,number,date)

参数：timeinterval 是时间单位(月,日)；number 是时间间隔值；date 是时间始点

例子：

```
<%
currentDate = #8/4/99#
newDate = DateAdd("m",3,currentDate)
response.Write newDate
currentDate = #12: 34: 45 PM#
newDate = DateAdd("h",3,currentDate)
response.Write newDate
%>
```

结果：11/4/99 3：34：45 PM

其中，"m" = "month"; "d" = "day"。

如果是 currentDate 格式，则"h" = "hour"; "s" = "second"。

7. 函数 DateDiff( )

功能：计算某两个指定的时间差

格式：DateDiff(timeinterval,date1,date2[,firstdayofweek[,firstdayofyear]])

参数：timeinterval 是时间单位；date1 和 date2 是有效的日期表达式；firstdayofweek 和
firstday- ofyear 是任意选项

例子：

```
<%
fromDate = #8/4/99#
toDate = #1/1/2000#
response.Write "There are " & _
DateDiff("d",fromDate,toDate) & _
" days to millenium from 8/4/99."
%>
```

结果：There are 150 days to millenium from 8/4/99.

8. 函数 day()

功能：返回一个整数值，对应于某月的某日

格式：day(date)

参数：date 是一个有效的日期表达式

例子：

```
<%=date(#8/4/99#)%>
```

结果：4

9. 函数 FormatCurrency()

功能：转换成货币格式

格式：FormatCurrency(expression　[,digit[,leadingdigit[,paren[,groupdigit]]]])

参数：expression 是有效的数字表达式；digit 表示小数点后的数字；leadingdigit、paren、groupdigit 是任意选项

例子：

```
<%=FormatCurrency(34.3456)%>
```

结果：34.35

10. 函数 FormatDateTime()

功能：格式化日期表达式/变量

格式：FormatDateTime(date[,nameformat])

参数：date 是必选项，为有效的日期表达式/变量；nameformat 是可选项，是指定的日期格式常量名称

例子：

```
<% =FormatDateTime("08/04/99",vblongdate)  %>
```

结果：Wednesday,August　04,1999

nameformat 参数可以有以下值：

nameformat	数 值	描 述
vbGeneralDate	0	显示日期和/或时间。如果有日期部分，则将该部分显示为短日期格式。如果有时间部分，则将该部分显示为长时间格式。如果都存在，则显示所有部分
vbLongDatc	1	使用计算机区域设置中指定的长日期格式显示日期
vbShortDate	2	使用计算机区域设置中指定的短日期格式显示日期
vbLongTime	3	使用计算机区域设置中指定的时间格式显示时间
vbShortTime	4	使用 24 小时格式 （hh：mm） 显示时间

说明：

FormatDateTime 函数把表达式格式化为长日期型并且将它赋给 MyDateTime：

```
Function  GetCurrentDate
GetCurrentDate = FormatDateTime(Date, 1)
response.Write(GetCurrentDate)
end  Function
```

11. 函数 isnumeric()

功能：返回一个布尔值，判断变量是否为数字变量，或者是可以转换成数字的其他变量

格式：isnumeric(expression)

参数：expression 是任意变量

例子：

```
<%
i="234"
response.Write  isnumeric(i)
%>
```

结果：true

12. 函数 isobject()

功能：返回一个布尔值，判断变量是否为对象的变量

格式：isobject(expression)

参数：expression 是任意变量

例子：

```
<%
set  con  =server.creatobject("adodb.connection")
response.Write  isobject(con)
%>
```

结果：true

13. 函数：lbound()

功能：返回一个数组的下界

格式：lbound(arrayname[,dimension])

参数：arrayname 是数组变量；dimension 是任意项

例子：

```
<%
i = array("1","2","3")
response.Write  lbound(i)
%>
```

结果：0

14. 函数 Lcase()

功能：将一个字符类型变量的字符全部变换成小写字符

格式：Lcase(string)

参数：string 是字符串变量

例子：

```
<%
str="THIS  is  Lcase!"
response.Write  Lcase(str)
%>
```

结果：this is lcase!

15. 函数 left()

功能：截取一个字符串的前面部分

格式：left(string,length)

参数：string 为字符串；length 表示截取的长度

例子：

```
<% =left("this is a test!",6) %>
```

结果：this i

16. 函数 len()

功能：返回字符串长度或变量的字节长度

格式：len(string *varname)

参数：string 为字符串；varname 是任意变量名称

例子：

```
<%
strtest="this is a test!"
response.Write len(strtest)
%>
```

结果：15

17. 函数 ltrim()

功能：去掉字符串前的空格

格式：ltrim(string)

参数：string 字符串

例子：

```
<% =ltrim (" this is a test!")
```

结果：this is a test!

18. 函数 Mid()

功能：从字符串中截取字符串

格式：mid(string,start [,length])

参数：string 为字符串；start 是截取的起点；length 为要截取的长度

例子：

```
<%
strtest="this is a test, Today is Monday!"
response.Write mid(strtest,17,5)
%>
```

结果：Today

19. 函数 minute()

功能：返回一数值，表示分钟

格式：minute(time)

参数：time 是时间变量

例子：

```
<% =minute(#12: 23: 34#) %>
```

结果：23

20. 函数 month()

功能：返回一个数值，表示月份

格式：month(time)

参数：time 是日期变量

例子：

```
<%  =month(#08/09/99)  %>
```

结果：9

21. 函数 monthname()

功能：返回月份的字符串(名称)

格式：monthname(date　[,abb])

参数：date 是日期变量；abb=true 时，则是月份的缩写

例子：

```
<%  =monthname(#4/5/99#)  %>
```

结果：April

22. 函数 Now()

功能：返回系统当前的时间和日期

格式：now()

参数：无

例子：

```
<%  =now()  %>
```

结果：　05/10/00　8：45：32　pm

23. 函数：replace()

功能：在字符串中查找，替代指定的字符串

格式：replace(strtobesearched,strsearchfor,strreplacewith　[,start[,count[,compare]]])

参数：strtobesearched 是字符串；strsearchfor 是被查找的子字符串；strreplacewith 是用来替代的子字符串；start、count、compare 是任意选项

例子：

```
<%
strtest="this is an apple."
response.Write replace(strtest,"apple","orange")
%>
```

结果：this is an orange.

24. 函数 right()

功能：截取一个字符串的后面部分

格式：right(string,length)

参数：string 为字符串；length 表示要截取的长度

例子：

```
<%
strtest="this is a test!"
response.Write right(strtest,3)
%>
```

结果：st!

25. 函数 rnd()

功能：返回一个随机数值

格式：rnd[(number)]

参数：number 是任意数值

例子：

```
<% randomize()
response.Write  rnd() %>
```

结果：0/1 数值之一，无 randomize()，则不能产生随机数

26. 函数 round()

功能：完整数值

格式：round(expression[,numright])

参数：expression 是数字表达式；numright 为任意选项

例子：

```
<%
i=12.33654
response.Write  round(i)
%>
```

结果：12

27. 函数 rtrim()

功能：去掉字符串后的空格

格式：rtrim(string)

参数：string 是字符串

例子：

```
<%
    response.Write rtrim("this is a test! ") %>
```

结果：this is a test!

28. 函数 second()

功能：返回一个整数值

格式：second(time)

参数：time 是一个有效的时间表达式

例子：

```
<% =second(# 12: 28: 30#)  %>
```

结果：30

29. 函数 strReverse()

功能：返回与原字符串排列逆向的字符串

格式：strReverse(string)

参数：string 是字符串

例子：

```
<% =strReverse("this is a test!") %>
```

结果：!tset a si siht

30. 函数 time()

功能：返回当前系统的时间值

格式：time()

参数：无

例子：

```
<%tm=time() %>
<% =tm %>
<br>
<%hh=hour(tm) %>
<% =hh %>
```

结果：14:54:29

    14

31. 函数 trim()

功能：删去字符串前后的空格

格式：trim(string)

参数：string 为字符串

例子：

```
<%
strtest=" this is a test! "
response.Write trim(strtest)
%>
```

结果：this is a test!

32. 函数 ubound()

功能：返回一个数组的上界

格式：ubound(expression [,dimension])

参数：expression 是数组表达式/数组变量；dimension 是任意项

例子：

```
<%
i = array("1","2","3")
response.Write ubound(i)
%>
```

结果： 2

33. 函数：ucase()

功能：将一字符类型变量的字符全部变换成大写字符

格式：ucase(string)

参数：string 是字符串变量

例子：

```
<%
str="THIS is Lcase!"
response.Write ucase(str)
%>
```

结果：THIS IS LCASE!

34. 函数 vartype()

功能：返回变量的常量代码(整数)

格式：vartype(varname)

参数：varname 是任意类型的变量名称

例子：

```
<%
i=5
response.Write  vartype(i)
%>
```

结果：2 （2 表示整数，必须参考 ASP 常量代码）

35. 函数 weekday()

功能：返回一个整数，对应一周中的第几天

格式：weekday(date [,firstofweek])

参数：date 为日期变量；firstofweek 为任选项

例子：

```
<%
d= #  5/9/00  #
response.Write  weekday(d)
%>
```

结果：3（3 表示是星期二）

36. 函数 weekdayname()

功能：返回字符串，对应星期几

格式：weekdayname(weekday[,abb[,firstdayofweek]])

参数：weekday 为日期变量；abb 和 firstdayofweek 为任选项

例子：

```
<%
d = #8/4/99#
response.Write  weekdayname(d)
%>
```

结果：Wednesday

37. 函数 year()

功能：返回日期表达式所在的年份

格式：year(date)

参数：date 是有效的日期表达式

例子：

```
<% =year(#8/9/99#)  %>
```

结果：1999

38. 函数 Mod()

功能：取余数

例子：

```
<%
x=3  Mod  2
response.Write(x)
%>
```

结果：1